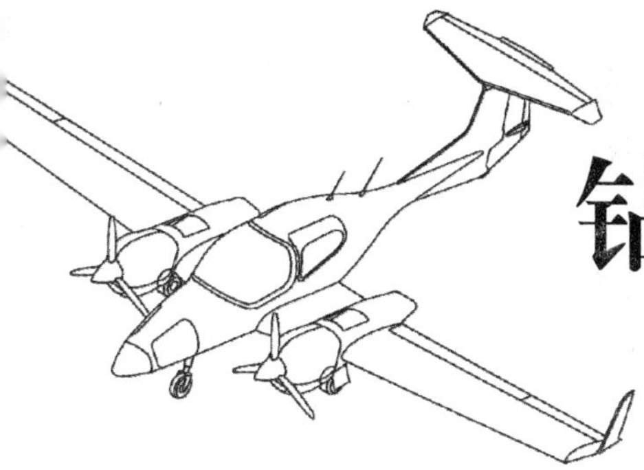

钻石 DA42NG 飞机机型理论教程

黄文彦　张敬坤 ◎ 主编

西南交通大学出版社
·成　都·

图书在版编目（CIP）数据

钻石 DA42NG 飞机机型理论教程 / 黄文彦，张敬坤主编. --成都：西南交通大学出版社，2023.10
ISBN 978-7-5643-8536-1

Ⅰ. ①钻… Ⅱ. ①黄… ②张… Ⅲ. ①民用飞机－教材 Ⅳ. ①V271

中国国家版本馆 CIP 数据核字（2023）第 199867 号

Zuanshi DA42NG Feiji Jixing Lilun Jiaocheng

钻石 DA42NG 飞机机型理论教程

黄文彦　张敬坤 / 主　编

责任编辑 / 何明飞
封面设计 / 墨创文化

西南交通大学出版社出版发行
（四川省成都市金牛区二环路北一段 111 号西南交通大学创新大厦 21 楼　610031）
营销部电话：028-87600564　028-87600533
网址：http://www.xnjdcbs.com
印刷：四川森林印务有限责任公司

成品尺寸　185 mm × 260 mm
印张　11　　字数　252 千
版次　2023 年 10 月第 1 版　　印次　2023 年 10 月第 1 次

书号　ISBN 978-7-5643-8536-1
定价　58.00 元

课件咨询电话：028-81435775
图书如有印装质量问题　本社负责退换

PREFACE

前 言

DA42NG 型飞机作为一款国外研制、国内生产组装的轻型双发飞机已在国内通航领域广泛使用。目前，在中国民航飞行学院共有 38 架该型飞机在运行，用于多发商照阶段的飞行训练，形成了全球最大的 DA42NG 训练机队。根据学院运行数据统计，DA42NG 型飞机已累计飞行七万余小时，并逐步成为学院中教机训练的主力机型，在学院飞行训练体系中扮演重要的角色。

DA42NG 融合了钻石品牌系列飞机的新设备和新技术优势，相较于学院其他机型，其在飞行理念和机载设备方面上有较大的差异，因此在飞行训练教学中需要飞行教员和参训学员通过系统性的学习，具备较强的机型理论知识，熟知各系统的工作原理，掌握各机载设备的使用操作要求。

目前，在学院 DA42NG 型飞机的改装培训中其机型理论知识部分，通常使用厂家提供的飞机飞行手册（AFM）和学院编制的飞行员训练手册（PTM），尚缺乏一套完整的培训课程体系，机型理论培训资料较为零散，暂无一套可借鉴的配套教材，在实际教学过程中存在诸多的不便，对实现更高水平教学质量造成了一定影响。在此环境下，新津分院院长黄文彦与副院长唐世明牵头组建了《钻石 DA42NG 飞机机型理论教程》编委会，以 DA42NG 型飞机的机型理论知识为研究主体，参阅飞机相关适航性资料，在结合学院 DA42NG 机队数万飞行小时运行保障经验的基础上，通过收集、整理各类参考资料，根据各飞机系统进行章节划分，汇编形成一套 5 万 6 千余字，150 余页，图文并茂的《钻石 DA42NG 飞机机型理论教程》，为该机型教学课程的开发提供一套可借鉴的理论知识素材库，填补国内该机型改装学习中机型理论教材的空缺。

本书由黄文彦、唐世明策划制定选题和内容框架，并组织编委会成员详细分工进行资料和素材的收集整理，全书由张敬坤于 2022 年初完成第一版的编写（未出版）。2023 年 5 月根据该机型使用中的经验积累和教学实际需要，编委会对该教程进行了更严谨的调整和修订，使教程的编写质量得到了提高。其中，黄文彦修订第 1、2、5、6 章，张敬坤修订第 7、8、9、10、11、12 章，程德恒修订第 3、4 章。新津分院机务工程部张一夫、曾彬为本教程的编写和修订提供了大量资料和技术支持。

本书经过两次编写和修订，编者竭力为读者展现一本严谨实用的机型理论教材，但由于资料不全以及水平有限，书中疏漏和不足之处在所难免，恳请读者提出宝贵意见。

编 者

2023 年 3 月

CONTENTS

目 录

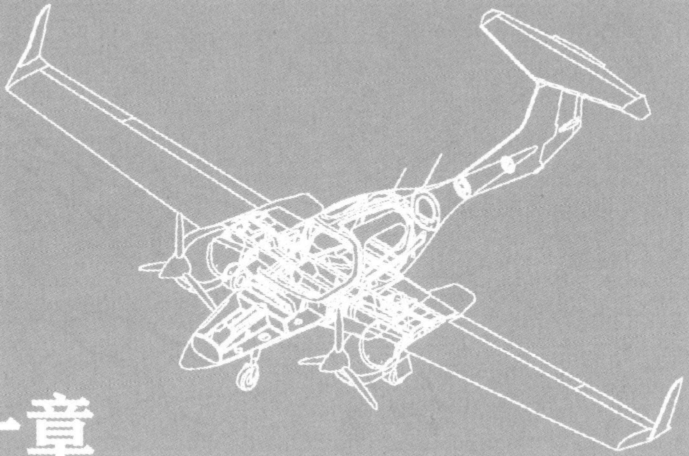

第一章

飞机结构

钻石双子星（Twin Stars）是奥地利钻石飞机公司研究开发，由中电科芜湖钻石飞机公司引进制造的钻石螺旋桨系列飞机的一种，型号为 DA42NG。它是双发、高平尾、下单翼、可收放起落架的四座飞机，如图 1.1 所示。

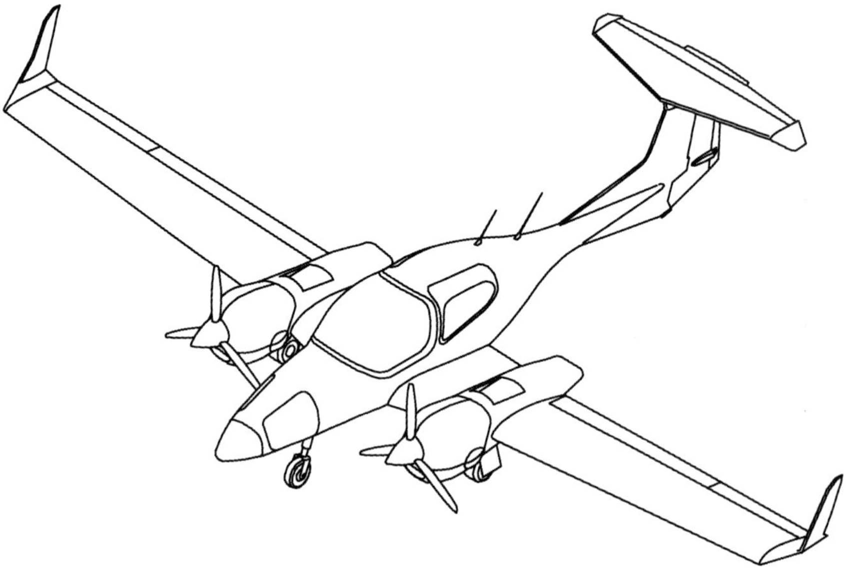

图 1.1　钻石 DA42NG 型飞机外形

该飞机安装有两台水冷直列四缸、共轨直喷、涡轮增压、航空煤油发动机，由 1∶1.69 减速比齿轮箱带动两副同向右转螺旋桨。起落架为可全收放、液压驱动的前三点式起落架，使用油气混合式减振支柱组件。机身是半硬壳式结构，由机身蒙皮、隔框和腹板构成，机身壳体由多层碳纤维布加若干层玻璃纤维布组成，旨在增强机身强度和刚度。该机配备有先进的 G1000 型航电系统，是一套综合了飞行、发动机、通信、导航和监控的高集成化仪表系统，并安装了 GFC700 型自动飞行控制系统（AFCS）。

DA42NG 型飞机气动性能优异、航电系统先进，并且运行可靠、经济适用，非常适合用于训练教学。

本书适用于根据 MÄM 42-600 设计改装的 DA42NG 型飞机。

第一节　机　体

一、机体尺寸

翼展：	13.55 m	44.5 ft（含 ACL）
长度：	8.56 m	28 ft 1in
高度：	2.49 m	8 ft 2 in
翼型：	Wortmann FX 63-137/20-W4	

机翼面积：	16.29 m^2	175.3 ft^2
平均空气动力弦：	1.271 m	4 ft 2 in
展弦比：	11.06	
上反角：	5.5°	
前缘后掠角：	1°	
副翼面积：	0.66 m^2	7.1 ft^2
襟翼面积：	2.18 m^2	23.5 ft^2
水平尾翼面积：	2.35 m^2	25.3 ft^2
升降舵面积：	0.66 m^2	7.1 ft^2
升降舵安装角：	相对于飞机纵轴线为-1.1°	
垂直尾翼面积：	2.43 m^2	26.2 ft^2
方向舵面积：	0.78 m^2	8.4 ft^2
起落架主轮间距：	2.95 m	9 ft 8 in
起落架轴距：	1.735 m	5 ft 8 in
前起落架规格：	5.00-5，具体参见 AMM	
主起落架规格：	15×6.0-6，具体参见 AMM	

具体机体尺寸如图 1.2 所示。

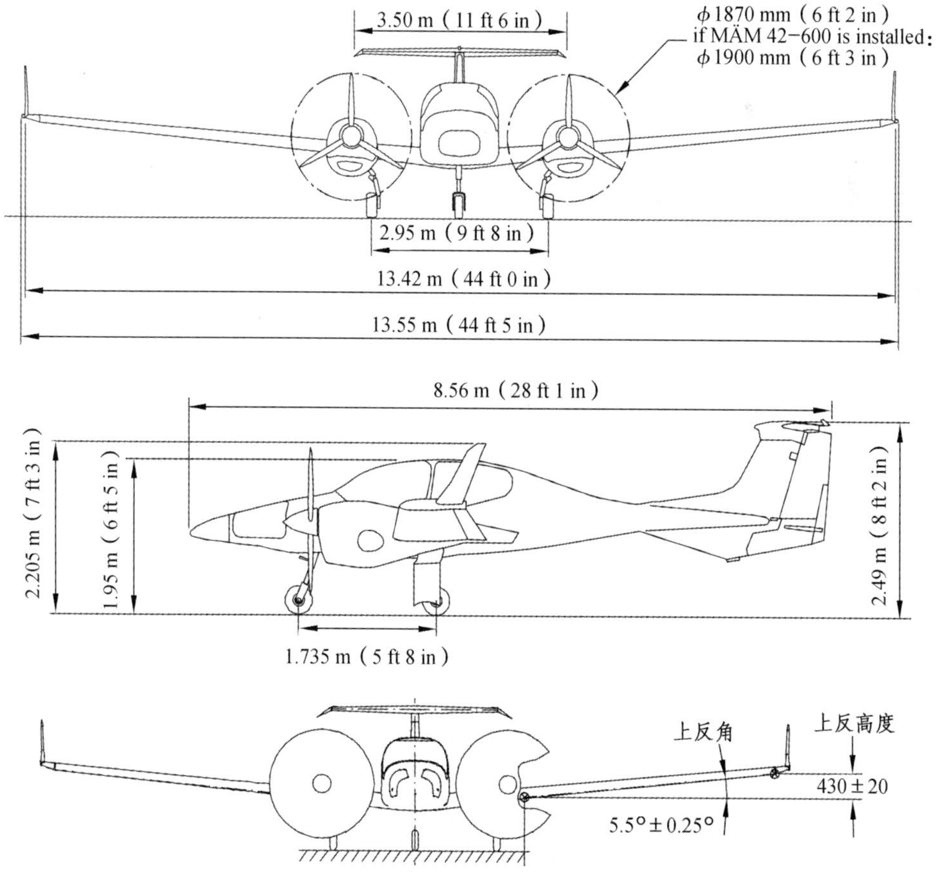

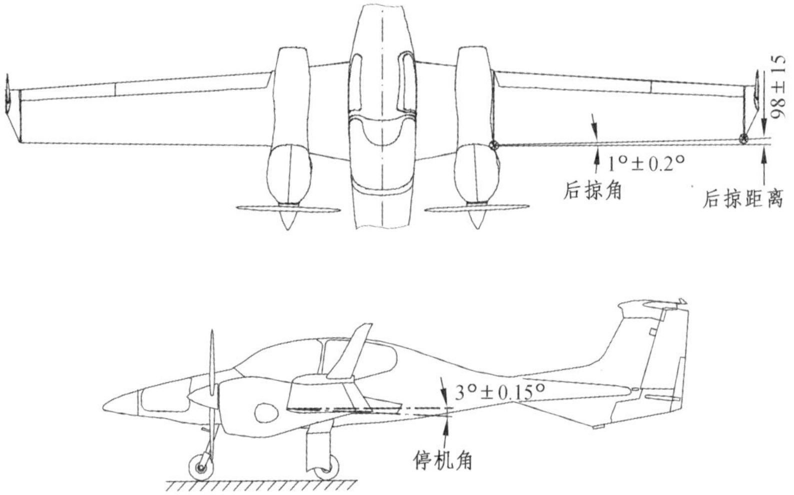

图 1.2　机体尺寸

二、机体结构

飞机机体是一个可以安装操纵系统、动力系统、起落架系统以及电气系统的平台和框架，也为驾乘人员提供了操作和乘坐空间。

DA42-NG 型飞机的机体由几个大的模块整装而成，它们是带有前行李舱和垂直安定面的机身、连接机身与外翼的中翼、中翼向外延伸出去的外翼、水平安定面以及门窗，如图 1.3 所示。

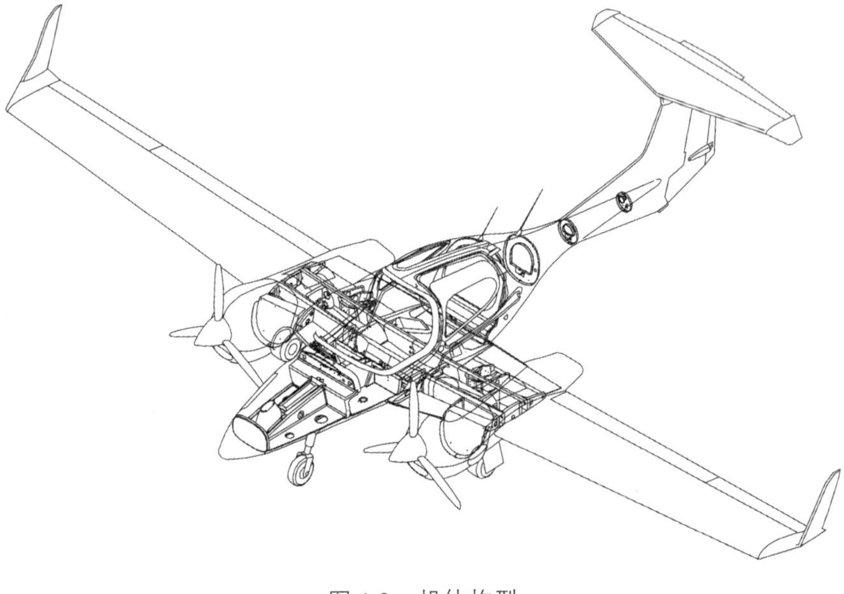

图 1.3　机体构型

飞机机体构型为下单翼，高平尾，配有翼梢小翼具有优异的气动性能。机身装配有向前开启的驾驶舱门，其大面积的树脂玻璃风挡为驾驶员提供了优良的观察视野，机身仅左侧装有向上开启的客舱门，客舱顶部带有紧急逃生拉环可破坏舱门的铰链结构以助紧急撤离。

飞机整体由高性能碳纤维复合材料制造，与传统的金属铝机身相比，复合材料机体不但坚固耐用具有几乎无限的寿命，而且不易出现凹坑与表面缺陷，气动性能好。复合材料可以根据机载设备情况，灵活且有针对性地设计加强结构，从而减少整体质量，增大内部空间，提高舒适性和承载能力。飞机是按照“结构损伤容限”原理进行设计和测试的，因此，DA42NG 飞机无结构寿命限制。

（一）机　身

机身部分由机身壳体、前行李舱、后行李舱和垂直安定面组成，如图 1.4 所示。

机身壳体是半硬壳式结构，由两个碳纤维复合材料半壳体构成，结合玻璃纤维复合材料隔框和腹板，与垂直安定面构成一体结构。

前行李舱段也分左右半壳体胶接在机身前部。

后行李舱则通过螺丝固定在机身内。

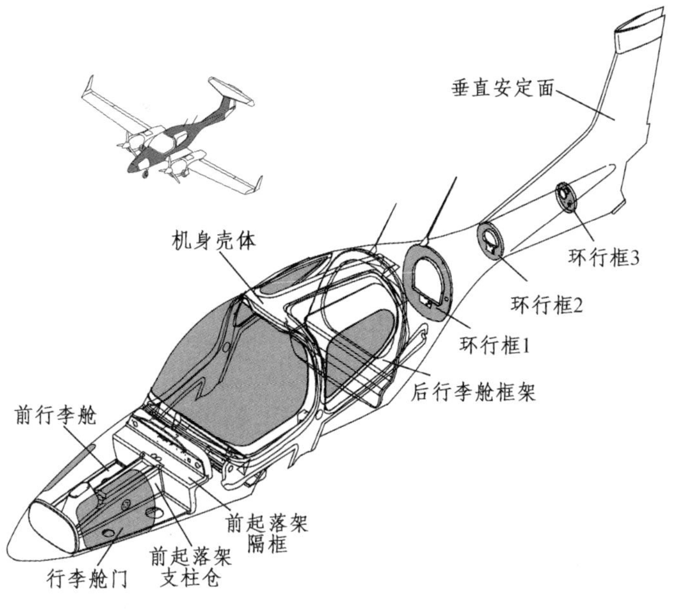

图 1.4　机身

1. 机身壳体

机身壳体由两块碳纤维复合材料的半壳体构成，机身外蒙皮用于传递结构载荷。壳体在机身顶部和底部相互胶接，每个壳体铺覆多层碳纤维布。

其他结构部件用增稠树脂胶接在机身壳体上。许多小部件也胶接在机身壳体上，如进气和出气导管、电线、天线电缆和燃油管路的套管、飞机系统部件的安装支架。

2. 前行李舱

前行李舱段胶接在机身前部，分左右半壳体。壳体由碳纤维复合材料及刚性泡沫芯镶嵌件制成。每个壳体有铰接舱门，作为前行李舱的入口舱门。

前起落架隔框顶部和前起落架隔框封闭了驾驶舱前部并形成前行李舱后部。前起落架支柱舱后端与前起落架隔框相连，其前段与雷达隔框相连。左右地板增强机头强度也作为前行李舱的地板。地板上的口盖孔可通向前起落架支柱安装支架。

3. 垂直安定面结构

垂直安定面前下肋板和后下肋板是刚性玻璃纤维复合材料模压件，在垂直安定面底部的机身壳体上胶接，同时也胶接在垂直安定面前腹板上，如图 1.5 所示。它设有升降舵调整片操纵钢索的通孔。

为调整飞机重心，可在下垂尾加装配重。根据需求，加装不同数量的铅块，质量可从 3.0 kg（6.6 lb）相应地增加到 15 kg（33 lb），以此实现飞机重心变化的调整。

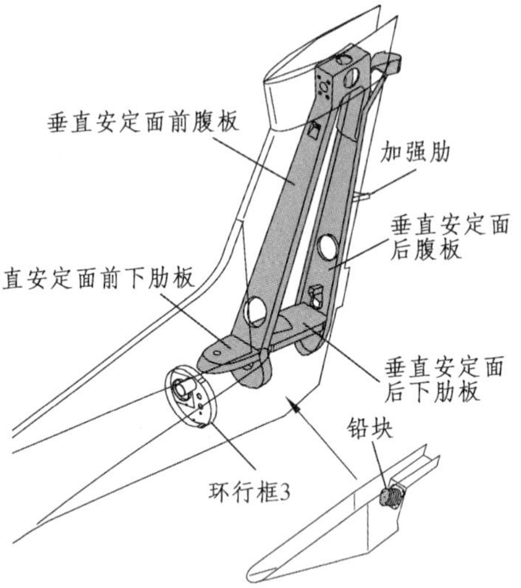

图 1.5 垂直安定面结构

4. 后行李舱

整个后行李舱是玻璃纤维复合材料制成的，由快卸螺丝固定在机身行李舱隔框和机身 1 号环形隔框之间，如图 1.6 所示。

标准行李舱地板与检修面板通过铰链连接，组成了整个行李舱的地板，其可向上掀开。地板下的储物盒装有牵引杆、急救包、毛巾等随机物品。检修面板通过快拆螺丝固定在检修口框架上，打开面板可进入后机身。行李舱配有一个吊货网以保护后行李舱的物件。吊货网接到特殊的系紧网支架上，而网支架被螺栓连接到行李舱框架的前部。

后行李舱的后隔板上有 6 个空气交换口（左右各 3 个），用于空气循环。

中国民航飞行学院的 DA42NG 因为加装了空调组件，所以对后行李舱进行了 OÄM 42-207 加装，改装后的后行李舱站位和承重都有了很大变化。

图 1.7 所示为加装空调前后的行李舱剖面图，空调组件占用了全部行李舱延伸架和部分机舱行李舱。剩余的空间分为了标准行李舱和短舱延伸架。

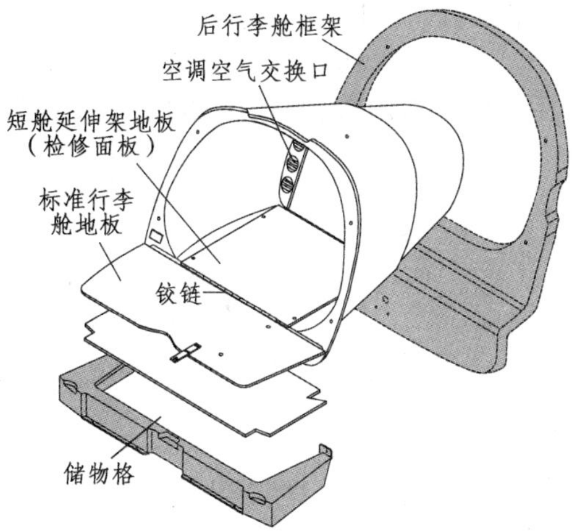

图 1.6　后行李舱

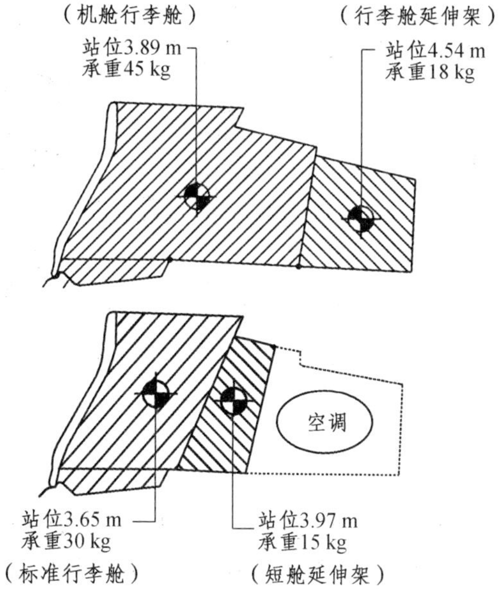

图 1.7　加装空调前后的行李舱

（二）中　翼

如图 1.8 所示，中翼有一个前盒形梁和一个后盒形梁，为碳纤维复合材料刚性模压件，装有外机翼安装支架。操纵摇臂安装支架胶接在中翼后主隔框后端面；发动机吊舱位于中翼外端，胶接在盒形梁上，作为发动机安装框的支架。发动机吊舱前端面作为发动机防火墙；后内侧翼肋和襟翼翼肋胶接在后盒形梁后端面。襟翼翼肋有内侧襟翼传动杆安装支架。后内侧翼肋旨在增强中翼后部刚度。

刚性碳纤维复合材料底部壳体与中翼下表面胶接，形成中翼和机身下表面。刚性碳纤维复合材料顶部壳体与中翼顶部外表面胶接，形成中翼上表面。

地板后部形成飞行员座椅前支撑，同时也是驾驶杆的支撑支架。每个飞行员的方向舵脚蹬组件与地板连接。

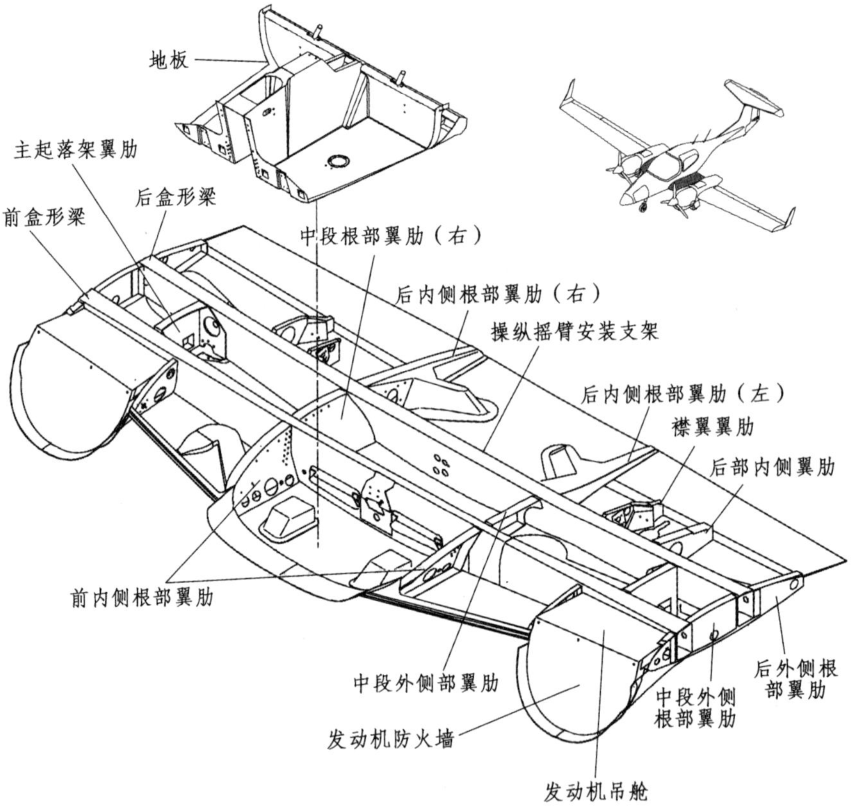

图 1.8　中翼

（三）外　翼

如图 1.9 所示，机翼由上侧和下侧壳体组成。机翼有前梁和后梁，还有 3 块根部肋。在翼梁之间有 6 个储油腔肋组成了油箱的包容骨架。每侧机翼有 2 个襟翼操纵肋和 1 个副翼操纵肋，襟翼和副翼的操纵肋支撑着操纵系统的摇臂。翼尖是一个玻璃纤维复合材料模塑件，具有上侧壳体和下侧壳体，翼尖内装有飞机的外部灯光。

（四）水平安定面

DA42NG 型飞机采用传统型固定水平安定面。水平安定面连接在垂直安定面的顶部，由上侧壳体和下侧壳体组成，每个壳体都有玻璃纤维复合材料蒙皮，如图 1.10 所示。

水平安定面具有 1 个前翼梁和 1 个后翼梁。两个翼梁都有固定安装支架。有三对翼肋用来提高中部区域的强度。两个安定面尾缘腹板上装配有连接升降舵的铰链（详细介绍见第二章“操纵系统”）。水平安定面内部前缘安装有 1 个 VOR/LOC/GS 集成天线。

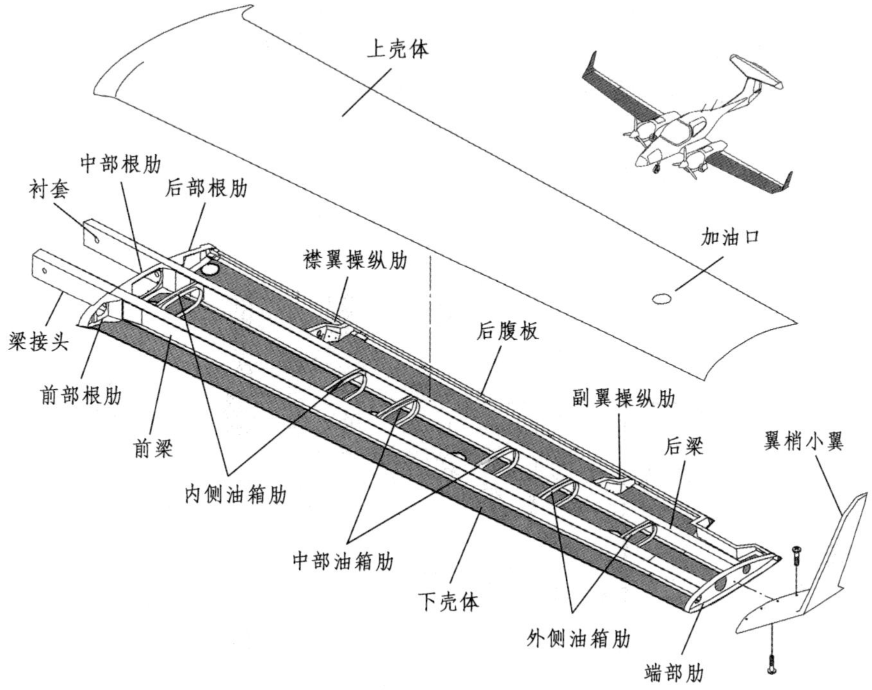

图 1.9　外翼

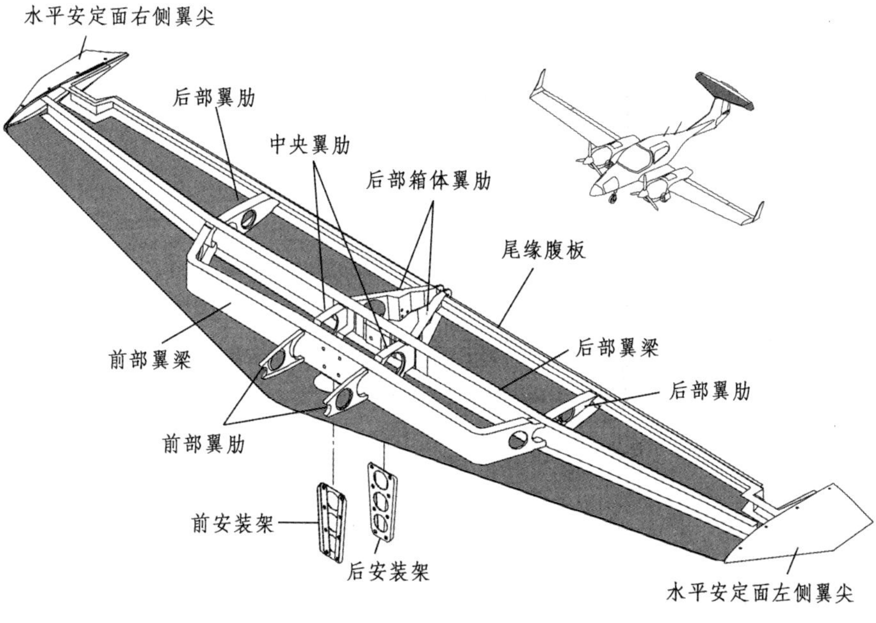

图 1.10　水平安定定面

（五）门　窗

1. 驾驶舱盖

驾驶舱盖的内外框架是由碳纤维复合材料一体成型的，并安装有一个大的整体树脂玻璃窗。两侧各有一个观察窗，可以打开增加通风或作为应急窗口，如图 1.11 所示。

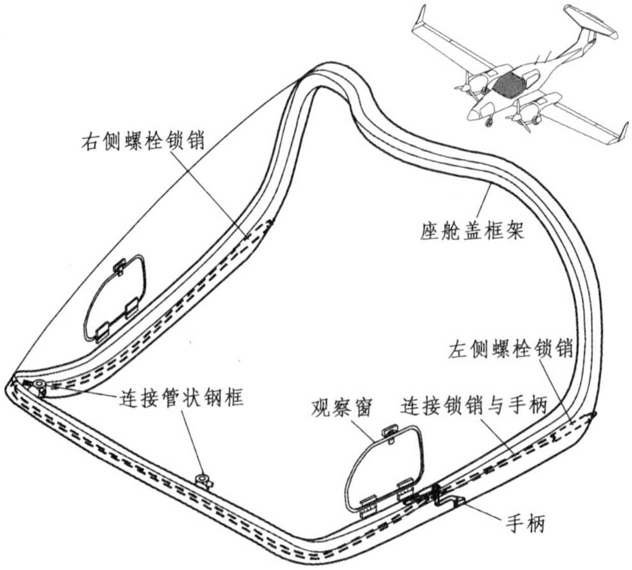

图 1.11　驾驶舱盖

舱盖由 1 个管状钢架连接在仪表板后面的 2 个防火墙铰链上。气体弹簧支柱上端附于管状框架底部，下端固定在左侧脚蹬滑轨前端，如图 1.12 所示。

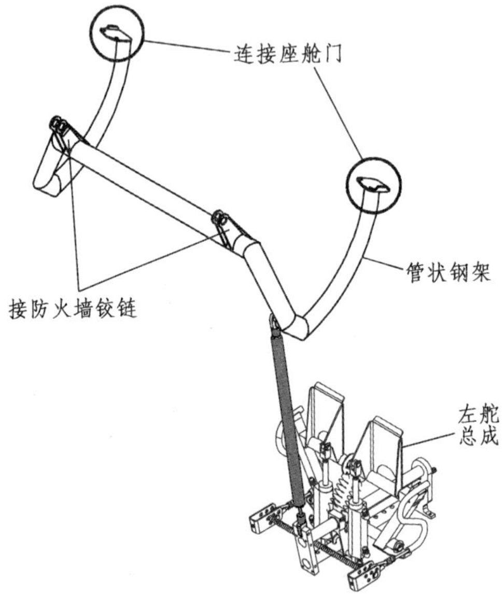

图 1.12　舱盖与其他部件的关系

关舱盖时下拉至舱盖框即可合上，之后用舱盖框左侧手柄将钢质螺栓锁销插入配孔，锁上舱门；开舱门时需解锁后向上推开。气体弹簧支柱支撑着座舱盖打开，如图1.13所示。另外，可通过抬起舱门约5 cm并上锁，使舱门锁定在通风间隙位置。

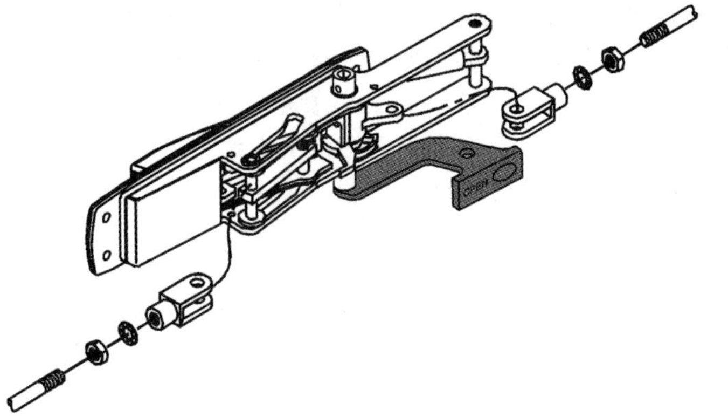

图1.13　舱盖锁闭装置

注意：

（1）只有当飞机在地面时，才能将舱盖设置为“通风间隙”位。

（2）飞机起飞前，前舱盖必须完全关闭并锁定。

（3）飞行前禁止使用锁紧键封住前舱盖，以确保可从外部紧急疏散。

2. 乘客舱门

乘客舱门由碳纤维复合材料一体成型的内外框及树脂玻璃窗组成。乘客舱门通过双铰链连接到机身顶部附近中心线位置，如图1.14所示。舱门以同样方式关闭，即直接下拉至门框上并用手柄锁定。气体弹簧支柱能防止舱门脱落。遇强风时，组件必须安全固定。

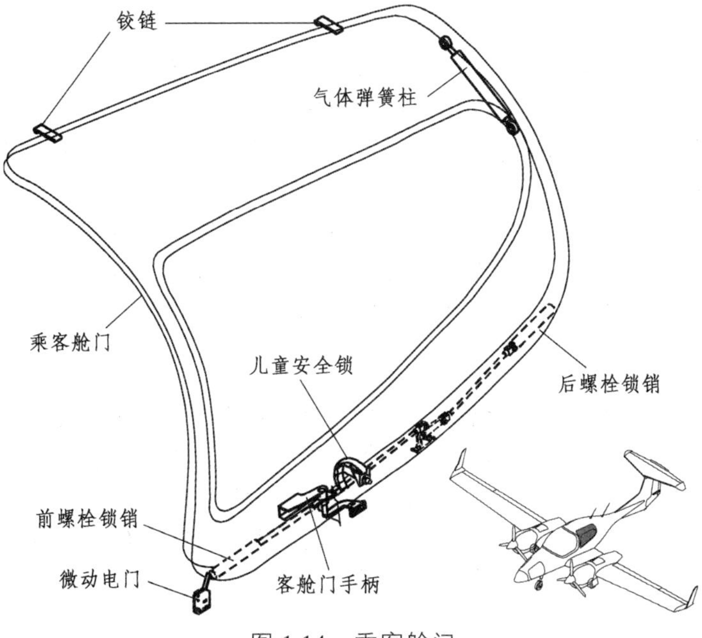

图1.14　乘客舱门

在紧急情况下，可从机舱内通过应急手柄拆除前铰链，强行从顶部打开乘客门。在舱门后框的支架上，一个气体弹簧支柱连接到机身用于支撑打开的舱门。当门被解锁时，微动开关会触发警告。

舱门手柄被喷涂成红色，分为内外两部分，内手柄是双杆结构并通过锁销与外手柄连接，另配有儿童安全锁以防止门锁被意外扳动，如图 1.15 所示。在座舱内打开舱门前需先解除儿童安全锁，若要从外部操作，则必须先按下红色按钮。前后扳动手柄，控制锁紧螺栓伸出和缩回。飞机停放时如有需要可使用钥匙将手柄锁定在关闭位置。

注意：不要试图在飞行中给后座舱门上锁，安全栓会脱开使舱门打开，通常会导致舱门从机体脱落。

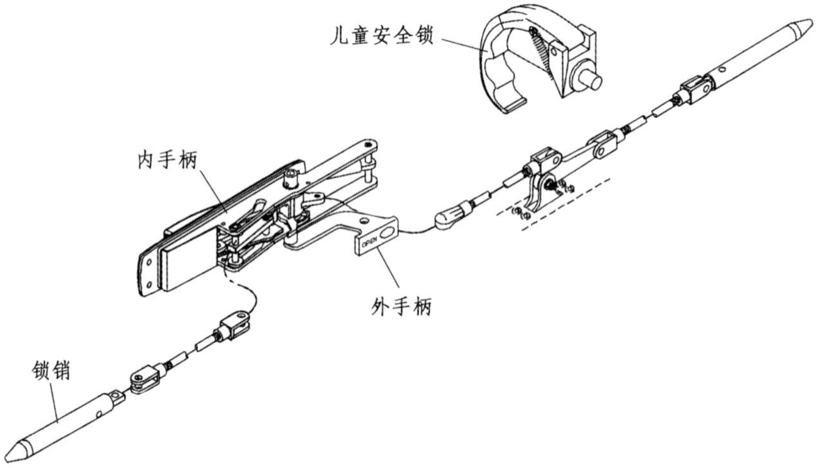

图 1.15　舱门手柄

3. 前行李舱门

飞机前行李舱在机头两侧各有一个舱门。舱门是泡沫芯加碳纤维复合材料模压件，表层是玻璃纤维布，舱门锁紧装置安装支架是用树脂胶接在舱门上，如图 1.16 所示。每个舱门由两个鹅颈式铰链固定。每侧舱门靠一个气体弹簧支撑，气体弹簧则固定在前鹅颈式铰链和前起落架隔框上。

每个舱门有两个锁紧装置，靠近机头一侧的可以上锁。解锁后按压锁紧装置的弹簧开关，向上拉动舱门，气体弹簧将舱门支撑在打开位。每个舱门上的微动电门会激活综合驾驶舱系统主显示屏上的舱门未上锁报警信息。

4. 舷　窗

DA42NG 飞机有 3 个舷窗，都是丙烯酸玻璃（树脂玻璃）聚铸模压件。这种材料光学特性好、强度高、三维成形精度高。每个舷窗都用高性能弹性粘接剂胶接在舷窗口框结构上。舷窗边缘与结构之间的间隙用白色软密封剂填塞。

整体式舱盖舷窗封闭飞行员驾驶舱，同时也是风挡，每侧有一个小的直接观测窗盖板，如图 1.17 所示。直接观测窗盖板装有铰链，飞行中可打开。客舱门和机身右侧各有一个后舷窗。

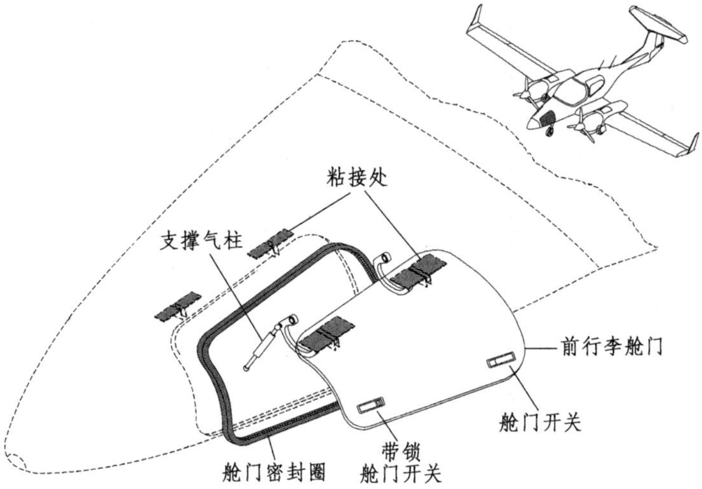

图 1.16　前行李舱门

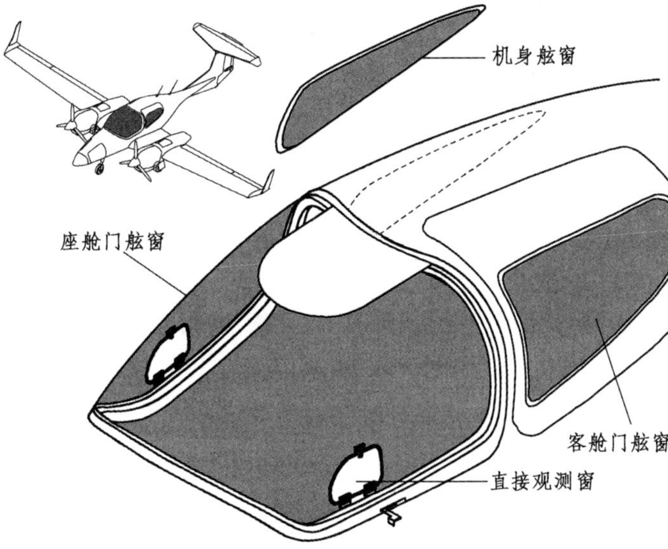

图 1.17　舷窗

第二节　检视口盖

随着航电、飞控、导航、环控等学科的快速发展，安装在飞机上的各类附件、设备、设施的数量和复杂程度与日俱增。在飞机的日常运营保障中，为了便于维修人员更好地对机体内部的设备设施进行检查、修理和更换，飞机在靠近这些设备设施的机体表面上设置了各类口盖。据统计，平均每架飞机机体表面上各类口盖超过一百个；按照表面积计算，口盖表面积总和占到全机机体表面积的 15%～20%。

口盖的类型多种多样，按照不同依据，有不同的划分方式。按照其与机体的连接方式不同，可以分为开口口盖、连接口盖、合页口盖、铰链口盖等。另外，按照拆卸难易程度不同，可分为快卸口盖和非快卸口盖。其中，快卸口盖指的是通过简单操作（如转动旋钮或按压开关）就能打开或关闭的口盖；非快卸口盖与机体的连接则要强得多，需要工程师依次打开多个连接点，才能将口盖拆卸下来。

DA42NG 型飞机有供飞机及其系统日常维护的口盖，如图 1.18 所示。拆卸频率高的口盖采用快卸紧固件，其余口盖采用常规螺钉。大多数口盖是碳纤维复合材料/玻璃纤维复合材料模压件。

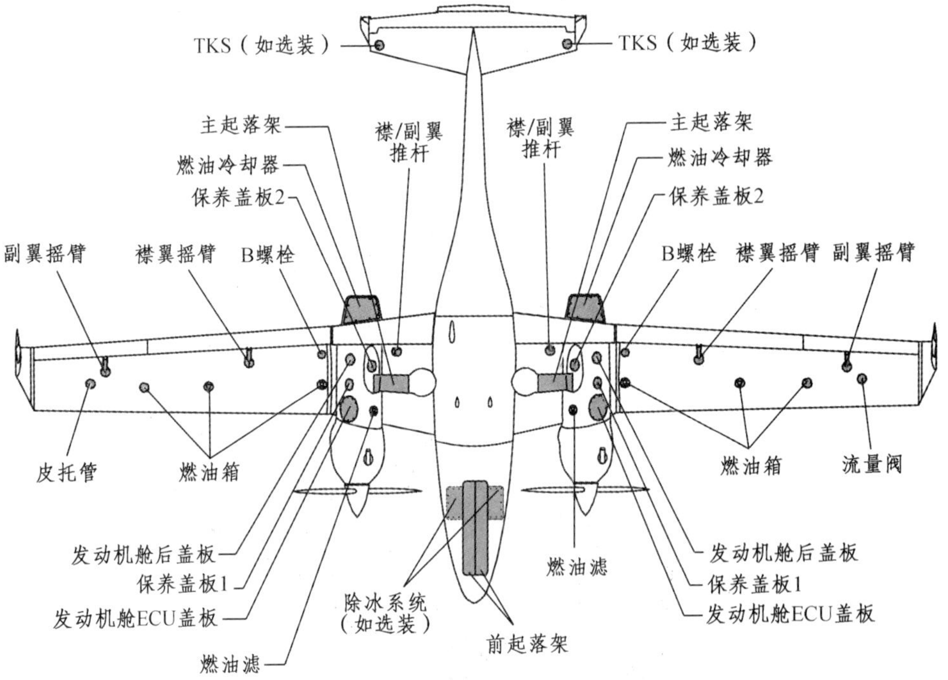

图 1.18　口盖分布

第三节　面　板

仪表面板的底板由铝合金框架和铝合金板组装而成，根据设备或指示仪表的位置大小开孔固定。仪表面板上装有各种电气系统开关、备用仪表、断路器、音频控制面板以及 PFD 和 MFD（在 G1000 集成座舱系统里详解）。

中控面板位于中央操作台，由前后两部分构成。该面板上装有发动机功率杆（油门杆）、燃油选择器、座舱加温控制器手柄、停机刹车和配平装置，如图 1.19 所示。

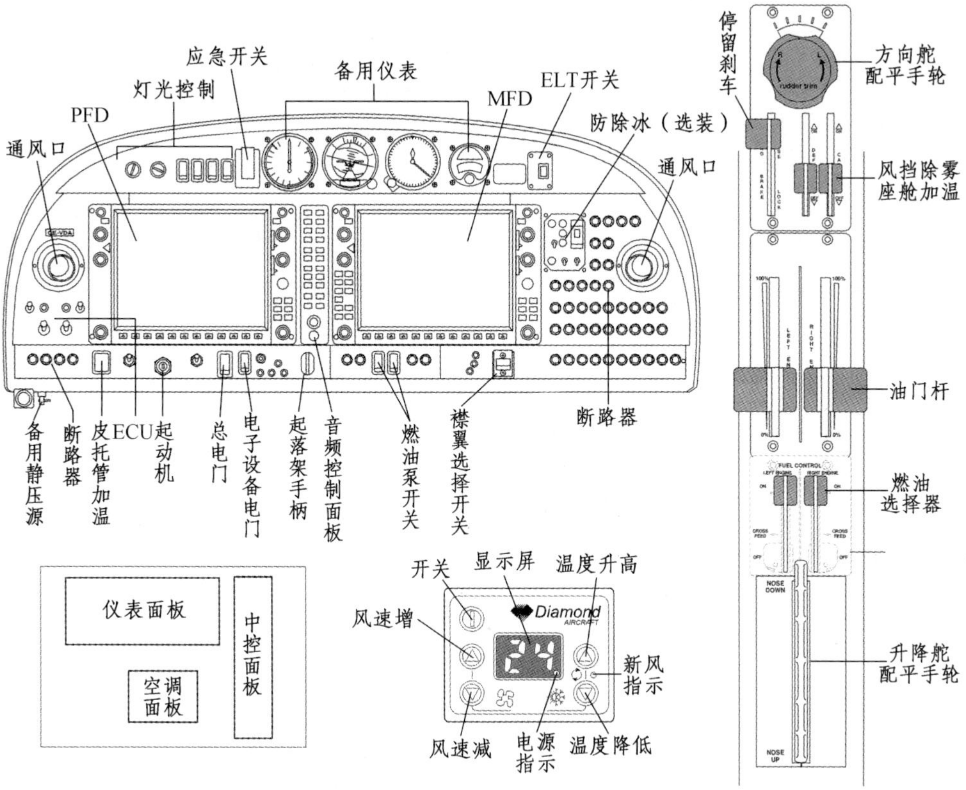

图 1.19　中央控制面板

第四节　标　牌

在飞机外部，有许多标记着特定意义的图形或文字，标识警告、警戒、操作内容等文字；在飞机内部，有指出物品位置、提醒物品使用方法的图形文字。这些统称为飞机的标牌。

根据航空器取得适航许可方面的规定，民航局制定了 AC-21-AA-2010-14R3 通告解释了飞机内、外部标记和标牌可以起到向乘客、工作人员及机组进行通知、提示和警告的作用。

一、面板标牌

面板标牌如图 1.20 所示。

二、内部标牌

内部标牌如图 1.21 所示。

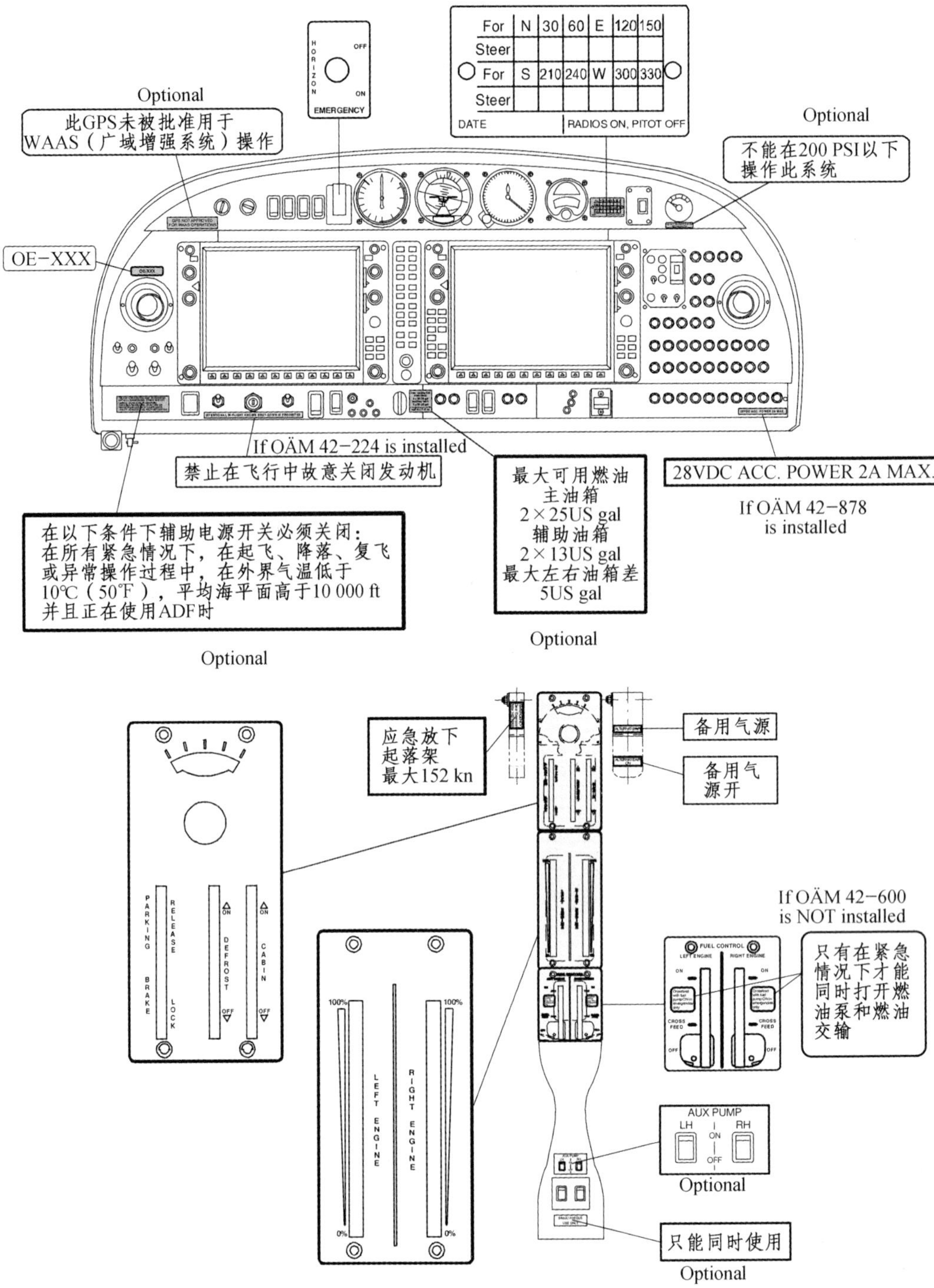
For N 30 60 E 120 150
Steer
For S 210 240 W 300 330
Steer
DATE
RADIOS ON, PITOT OFF
HORIZON
OFF
ON
EMERGENCY
Optional
此GPS未被批准用于
WAAS（广域增强系统）操作
Optional
不能在200 PSI以下
操作此系统
OE-XXX
If OÄM 42-224 is installed
禁止在飞行中故意关闭发动机
最大可用燃油
主油箱
2×25US gal
辅助油箱
2×13US gal
最大左右油箱差
5US gal
Optional
28VDC ACC. POWER 2A MAX.
If OÄM 42-878
is installed
在以下条件下辅助电源开关必须关闭：
在所有紧急情况下，在起飞、降落、复飞
或异常操作过程中，在外界气温低于
10℃（50℉），平均海平面高于10 000 ft
并且正在使用ADF时
Optional
应急放下
起落架
最大152 kn
备用气源
备用气
源开
PARKING BRAKE
RELEASE
LOCK
ON
DEFROST
OFF
ON
CABIN
OFF
100%
0%
LEFT ENGINE
RIGHT ENGINE
100%
0%
If OÄM 42-600
is NOT installed
FUEL CONTROL
LEFT ENGINE
RIGHT ENGINE
ON
CROSS FEED
OFF
只有在紧急
情况下才能
同时打开燃
油泵和燃油
交输
AUX PUMP
LH
RH
ON
OFF
Optional
只能同时使用
Optional

图 1.20　面板标牌

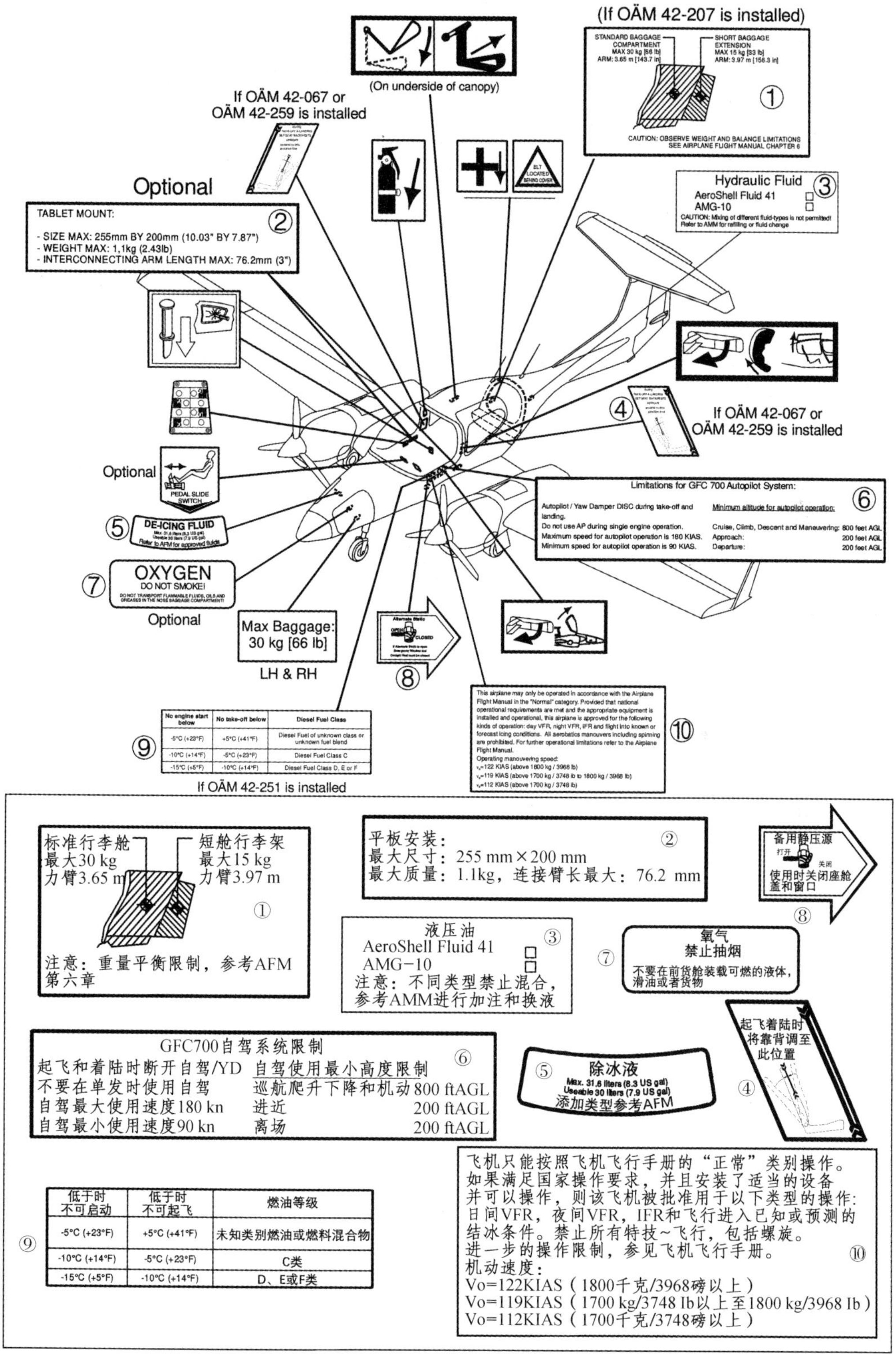
(If OÄM 42-207 is installed)
STANDARD BAGGAGE COMPARTMENT MAX 30 kg [66 lb] ARM: 3.65 m [143.7 in]
SHORT BAGGAGE EXTENSION MAX 15 kg [33 lb] ARM: 3.97 m [156.3 in]
CAUTION: OBSERVE WEIGHT AND BALANCE LIMITATIONS SEE AIRPLANE FLIGHT MANUAL CHAPTER 6
①
(On underside of canopy)
If OÄM 42-067 or OÄM 42-259 is installed
Optional
TABLET MOUNT:
- SIZE MAX: 255mm BY 200mm (10.03" BY 7.87")
- WEIGHT MAX: 1,1kg (2.43lb)
- INTERCONNECTING ARM LENGTH MAX: 76.2mm (3")
②
Hydraulic Fluid
AeroShell Fluid 41
AMG-10
CAUTION: Mixing of different fluid-types is not permitted! Refer to AMM for refilling or fluid change
③
ELT LOCATED BEHIND COVER
④
If OÄM 42-067 or OÄM 42-259 is installed
Optional
PEDAL SLIDE SWITCH
⑤
DE-ICING FLUID
Refer to AFM for approved fluids
Limitations for GFC 700 Autopilot System:
Autopilot / Yaw Damper DISC during take-off and landing.
Do not use AP during single engine operation.
Maximum speed for autopilot operation is 180 KIAS.
Minimum speed for autopilot operation is 90 KIAS.
Minimum altitude for autopilot operation:
Cruise, Climb, Descent and Maneuvering: 800 feet AGL
Approach: 200 feet AGL
Departure: 200 feet AGL
⑥
⑦
OXYGEN
DO NOT SMOKE!
Optional
Max Baggage: 30 kg [66 lb]
LH & RH
⑧
⑨
No engine start below | No take-off below | Diesel Fuel Class
-5°C (+23°F) | +5°C (+41°F) | Diesel Fuel of unknown class or unknown fuel blend
-10°C (+14°F) | -5°C (+23°F) | Diesel Fuel Class C
-15°C (+5°F) | -10°C (+14°F) | Diesel Fuel Class D, E or F
If OÄM 42-251 is installed
This airplane may only be operated in accordance with the Airplane Flight Manual in the "Normal" category.
⑩
标准行李舱 最大30 kg 力臂3.65 m
短舱行李架 最大15 kg 力臂3.97 m
①
注意：重量平衡限制，参考AFM第六章
平板安装：
最大尺寸：255 mm×200 mm
最大质量：1.1kg，连接臂长最大：76.2 mm
②
备用静压源
打开
关闭
使用时关闭座舱盖和窗口
⑧
液压油
AeroShell Fluid 41
AMG-10
注意：不同类型禁止混合，参考AMM进行加注和换液
③
⑦
氧气
禁止抽烟
不要在前货舱装载可燃的液体，滑油或者货物
起飞着陆时将靠背调至此位置
④
GFC700自驾系统限制
起飞和着陆时断开自驾/YD
不要在单发时使用自驾
自驾最大使用速度180 kn
自驾最小使用速度90 kn
自驾使用最小高度限制
巡航爬升下降和机动 800 ftAGL
进近 200 ftAGL
离场 200 ftAGL
⑥
⑤
除冰液
Max. 31.6 liters (8.3 US gal)
Useable 30 liters (7.9 US gal)
添加类型参考AFM
⑨
低于时不可启动 | 低于时不可起飞 | 燃油等级
-5°C (+23°F) | +5°C (+41°F) | 未知类别燃油或燃料混合物
-10°C (+14°F) | -5°C (+23°F) | C类
-15°C (+5°F) | -10°C (+14°F) | D、E或F类
飞机只能按照飞机飞行手册的“正常”类别操作。如果满足国家操作要求，并且安装了适当的设备并可以操作，则该飞机被批准用于以下类型的操作：日间VFR，夜间VFR，IFR和飞行进入已知或预测的结冰条件。禁止所有特技~飞行，包括螺旋。
进一步的操作限制，参见飞机飞行手册。
机动速度：
Vo=122KIAS（1800千克/3968磅以上）
Vo=119KIAS（1700 kg/3748 Ib以上至1800 kg/3968 Ib）
Vo=112KIAS（1700千克/3748磅以上）
⑩

图 1.21　内部标牌

三、外部标牌

外部标牌如图 1.22 所示。

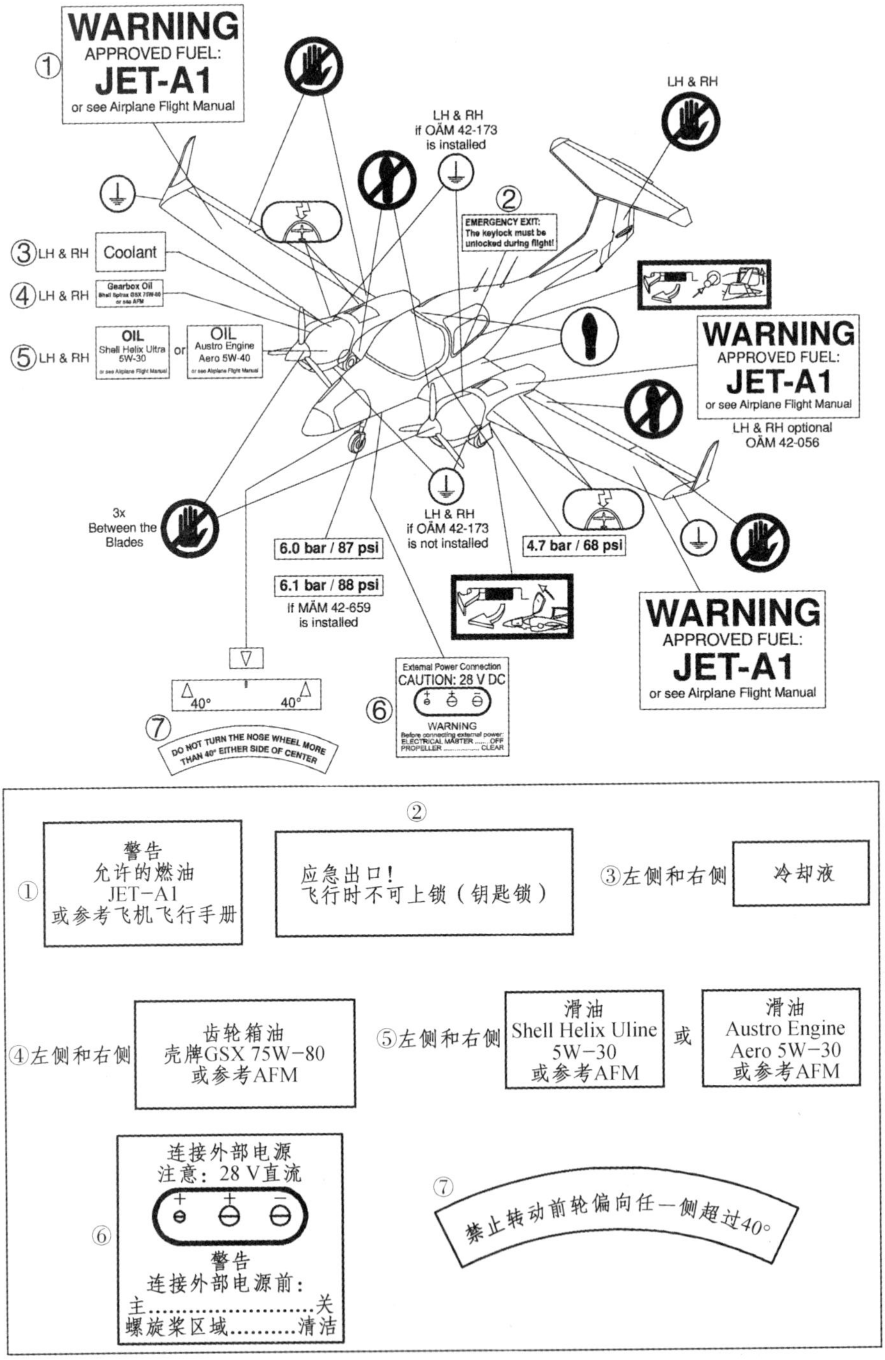

图 1.22　外部标牌

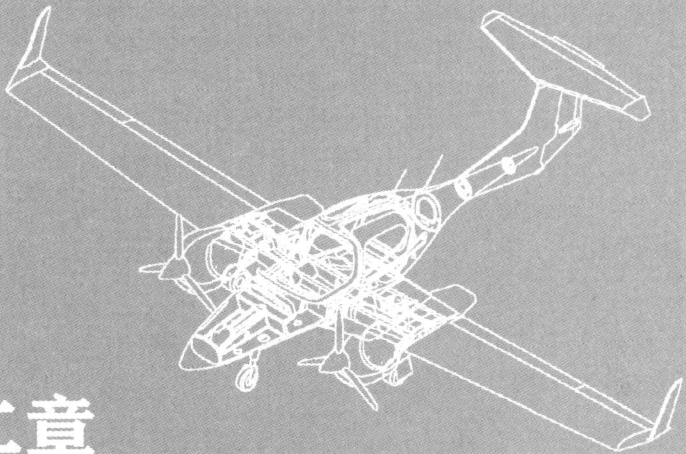

第二章

操纵系统

图 2.1 显示了 DA42NG 型飞机的基本控制面和操纵装置。DA42NG 型飞机装配有传统的飞行控制系统：安装在水平安定面上的升降舵可实现俯仰控制；附在机翼后缘的副翼负责滚转控制；安装在垂直安定面上的方向舵可以控制偏航；内外襟翼安装在中翼和外翼的后缘，为起飞和着陆提供额外的升力；方向舵和升降舵都有配平系统。

每侧驾驶位都有一个操纵杆来实现对副翼、升降舵的操纵。升降舵配平通过手轮或操纵杆上的电动开关调整升降舵操纵力。DA42NG 型飞机配备了一个可变升降舵限动机构，在特定情况下可限制升降舵上偏角度。

每侧驾驶位都有一组方向舵脚蹬组件来实现对方向舵的控制。脚蹬组件安装在驾驶舱地板上，由柔性钢缆连接到方向舵。可通过方向舵脚蹬组件上的调节手柄来调整脚蹬的位置。方向舵配平安装在中央控制台的前面，一根柔性驱动钢索连接到方向舵配平片。

襟翼为电动操作，执行襟翼操作时应注意速度限制。

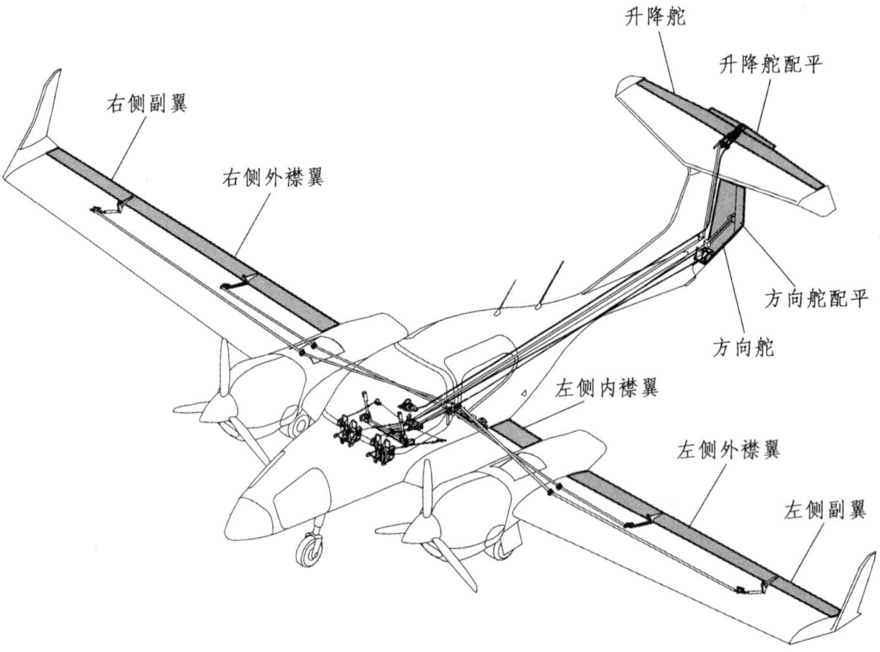

图 2.1　DA42NG 型飞机的基本控制面和操纵装置

第一节　副　翼

一、副翼的结构

副翼为 GFRP/CFRP 复合材料夹层结构，由一个下侧壳体和一个上侧壳体组成，壳体有内、外两层碳纤维复合材料蒙皮，如图 2.2 所示。蒙皮的内外层是玻璃纤维复合材料，蒙皮粘接在硬质塑料泡沫芯层上。

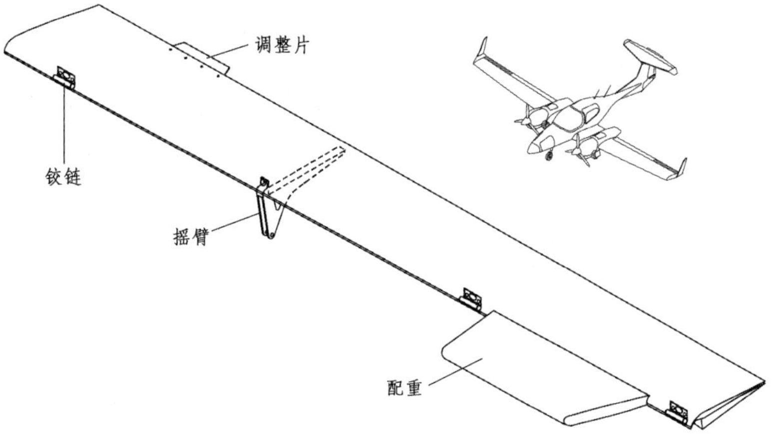

图 2.2 副翼的结构

副翼有3个铰链，用铰链销安装在铝支座上，并用定位销锁紧，如图2.3所示。定位销缺失会导致铰链销脱落，威胁飞行安全。

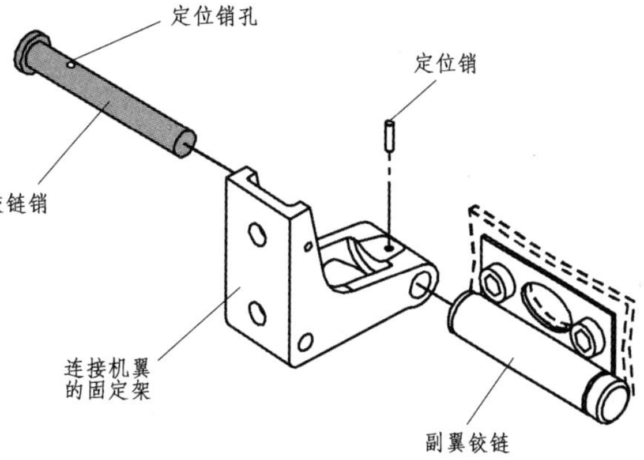

图 2.3 副翼的安装

副翼摇臂是1个铝合金件，3颗螺栓将摇臂连接在副翼的下表面，也作为1个副翼铰链，如图2.4所示。副翼的前缘有1个小孔，提供了接近装配螺母和垫片的通道。

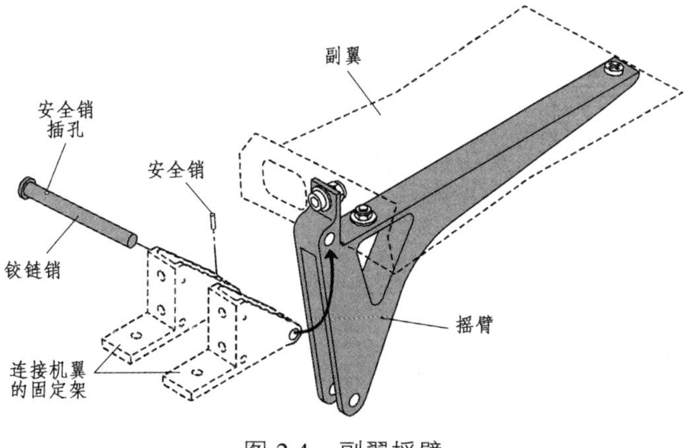

图 2.4 副翼摇臂

二、副翼操纵

DA42NG 型飞机为每个飞行员配备一个操纵杆，用于操纵副翼，如图 2.5 所示。操纵杆的底部连接有副翼推杆。推杆连接到前曲柄（在控制舱壁），前曲柄连接到一个中控台下面的短推杆。短推杆连接到附在前主舱壁的从动杠杆。从动杠杆再由另一个推杆连接到后曲柄。后曲柄安装在后主舱壁的后面。

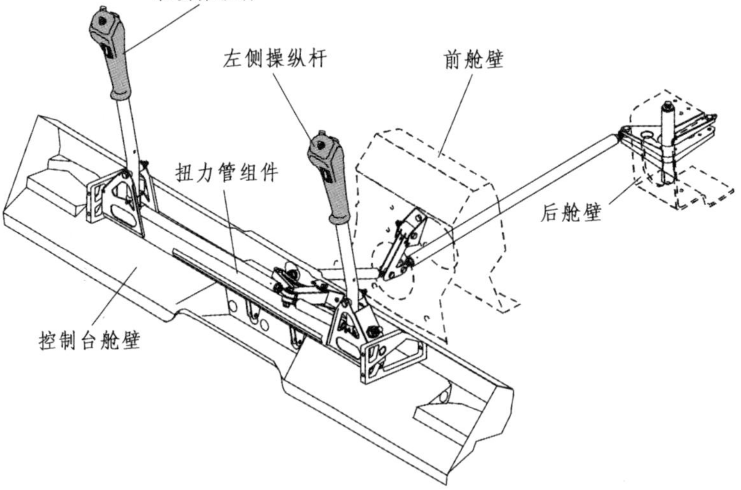

图 2.5　副翼操纵杆

后曲柄连接左右副翼长推杆。每个长推杆组件有 3 个推杆导轨，负责固定和导向。2 个长推杆组件各连接到左右副翼曲柄，副翼曲柄安装在每侧机翼的副翼控制肋上，如图 2.6 所示。1 个短推杆连接副翼曲柄和副翼摇臂。可以调整短推杆来调整副翼的上下偏转范围。

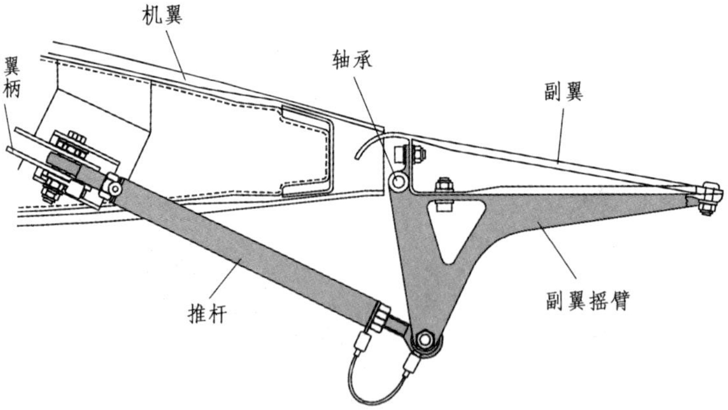

图 2.6　副翼长推杆

副翼的整个操纵动作传递线路如图 2.7 所示。

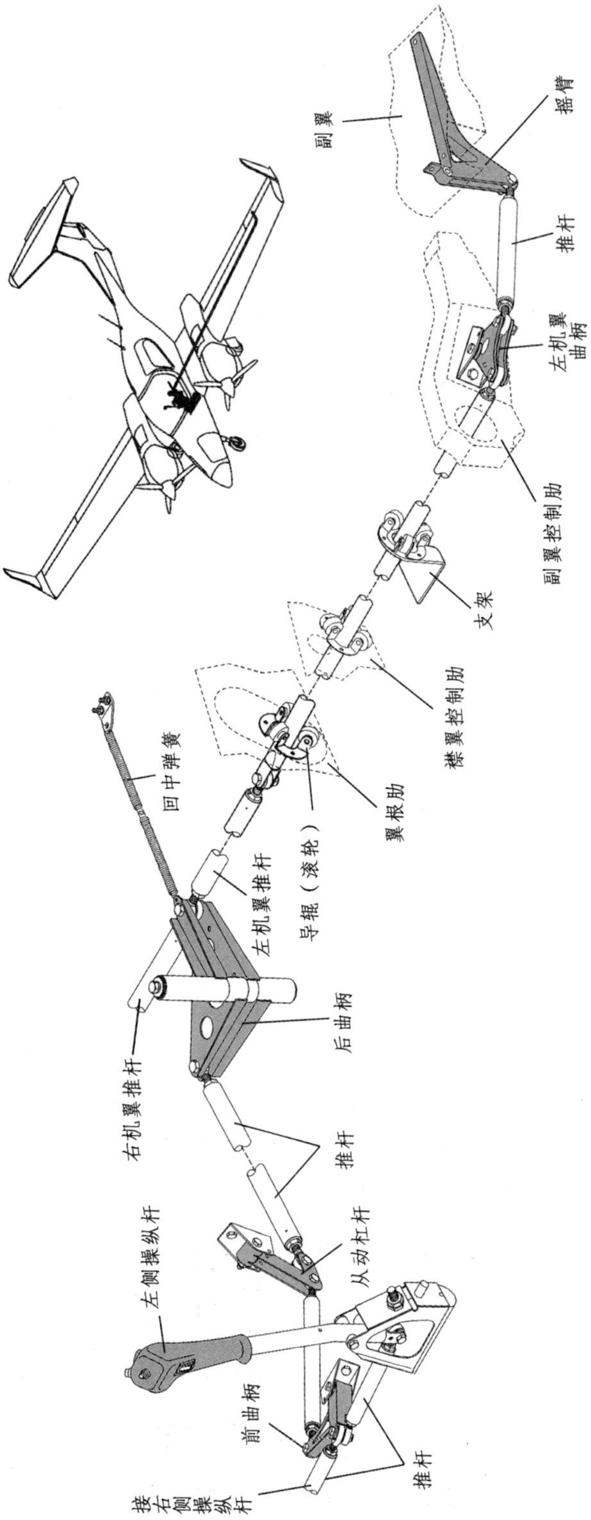

图 2.7 副翼操纵传递线路

第二节 襟 翼

一、襟翼结构

DA42NG 型飞机在每侧机翼上装备了一个内襟翼和一个外襟翼，如图 2.8 所示。外襟翼连接在外侧机翼上，内襟翼连接在中翼上。驾驶舱内的襟翼选择手柄同时控制内襟翼和外襟翼。内外襟翼的结构相似，都是由上下壳体粘接而成。外襟翼的内侧端肋和内襟翼的外侧端肋连接在一起。

内外襟翼各有一个襟翼摇臂，它是铝合金件，同时也作为一个襟翼铰链。曲柄前侧的两个凸缘衬套充当铰链的枢轴。曲柄通过连杆连接在摇臂上以实现襟翼的收放。

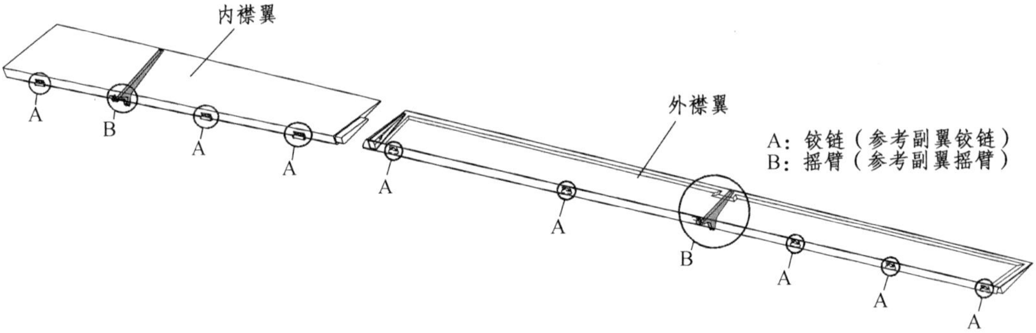

图 2.8 襟翼结构

二、襟翼操纵

襟翼由仪表板上的襟翼手柄（三个位置选择见图 2.9）操作。手柄选择位置与襟翼设定位置对应，巡航位（UP）在最上面。如选择另一位置，襟翼继续自动移动，直到到达相应的选定位置。巡航位（UP）和着陆位（LDG）增加一个限位电门保护，以防止操作超过末端限制位置。根据指示灯的位置判断襟翼位置，在襟翼收放的过程中会同时亮起两个灯，此时襟翼在两个指示位置中间。襟翼操纵传动线路如图 2.10 所示。

注意：收放襟翼有速度限制，超过相应速度限制有可能导致严重后果。

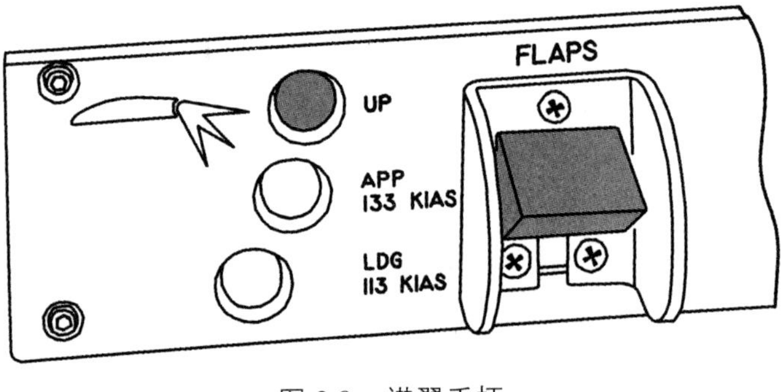

图 2.9 襟翼手柄

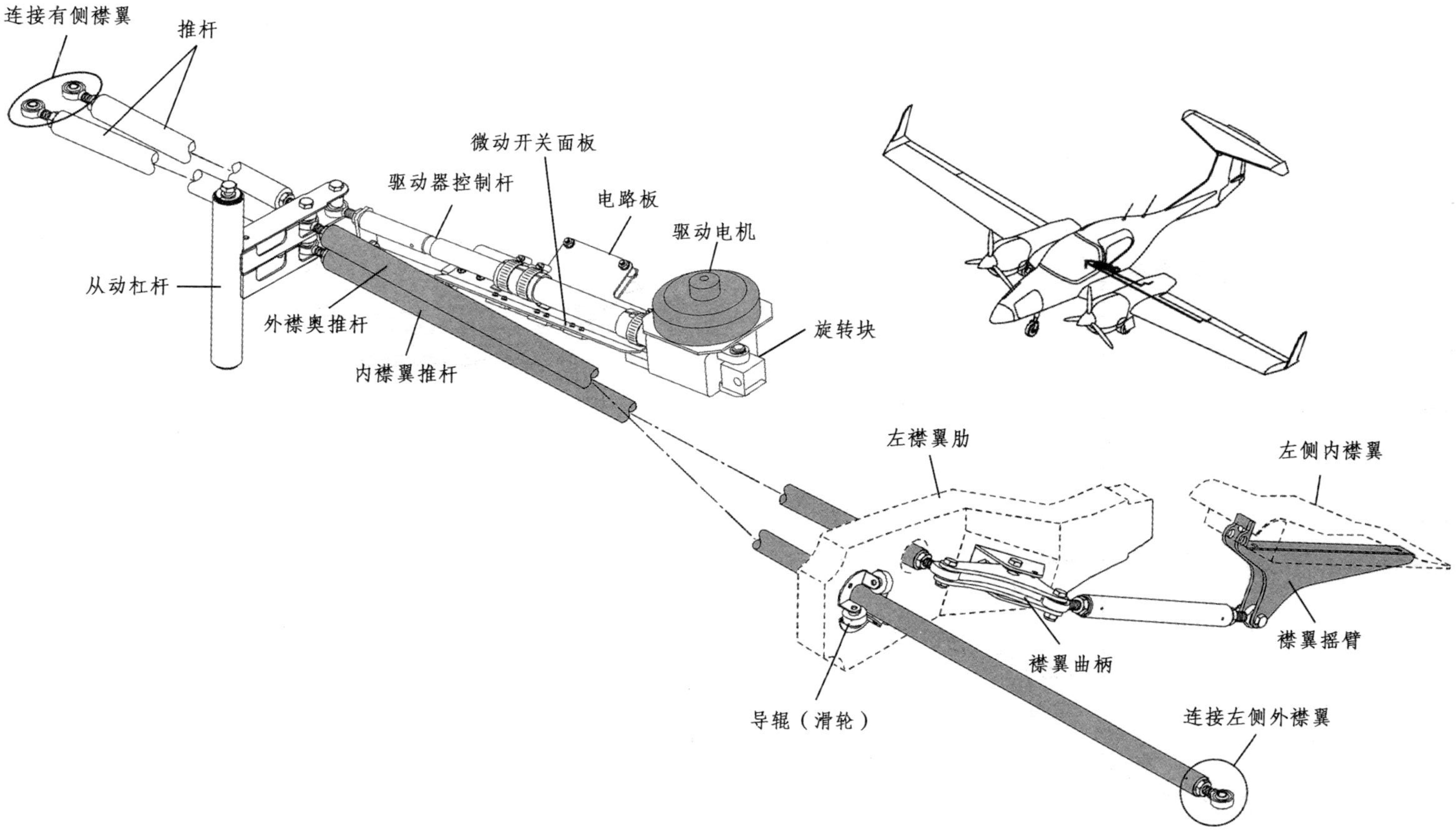

图 2.10　襟翼操纵传递线路

第三节 升降舵

一、升降舵结构

升降舵安装在水平安定面上，由上下两个壳体粘接而成，每个壳体都由玻璃纤维复合材料外壳和刚性泡沫芯组成，如图 2.11 所示。壳体的前缘有一条曲线，在曲线重叠的地方胶接在一起，在末端和后缘也胶接在一起。

升降舵配平安装在升降舵的后缘，由 6 个铰链连接。

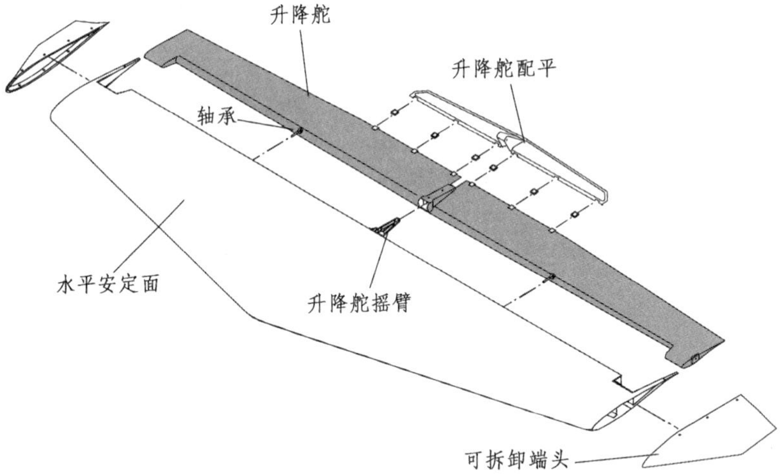

图 2.11 升降舵结构

升降舵由 5 个轴承（见图 2.12）连接在水平安定面的加强肋上，其中升降舵摇臂上有 1 个，升降舵两侧的中间和外缘各有 1 个。

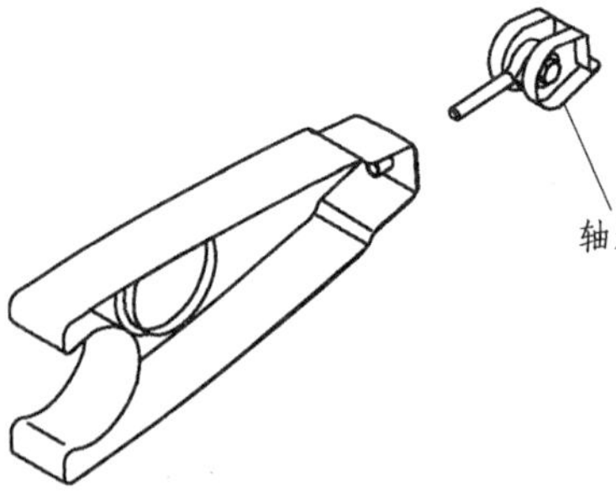

图 2.12 升降舵承轴

升降舵中间有 1 个角肋，如图 2.13 所示。这是 1 个前端开口的硬壳。升降舵摇臂插入其中，2 个螺栓把摇臂固定在升降舵上，另一端 1 个螺栓和垫片将摇臂连接到水平安定面的尾缘腹板上。

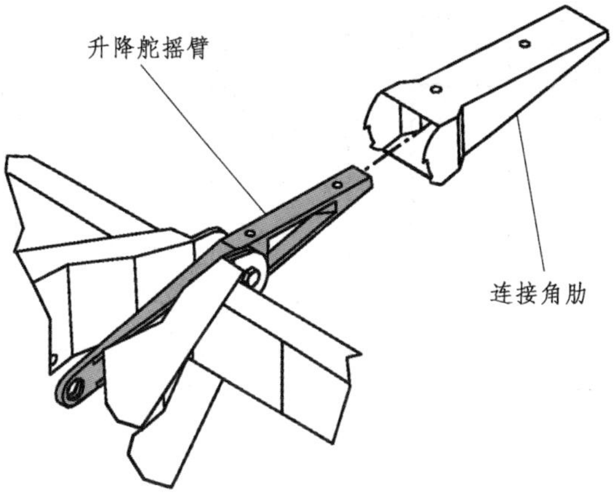

图 2.13　摇臂的连接

二、升降舵可变限动

DA42NG 型飞机配有限动动作筒，一旦两台发动机功率设定超过约 20%（由油门杆上的两个微动电门触发），动作筒将限制升降舵上偏行程不超过 13°，即比全上偏角度 15.5°少 2.5°，如图 2.14 所示。该线性动作筒由两个电门控制，每个电门由相对应的油门杆位置所控制。当一台发动机的功率降低到约 20%以下时，升降舵又恢复至全偏角度。

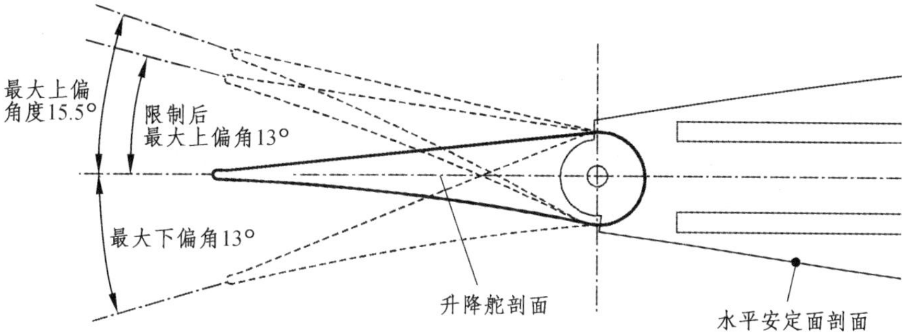

图 2.14　限动动作筒示意

升降舵可变限动能调节重心包线，如图 2.15 所示。在起飞或复飞阶段，升降舵可变限动在大功率时限制了升降舵的上偏角度，可防止过大的抬头力矩使飞机进入带功率失速。在着陆阶段功率小于 20%时即可获得满偏角度保证了充足的操纵性能。注意：当升降舵可变限动出现故障时，G1000 显示器上的琥珀色信号（CAUTION）亮起，以引起飞行员注意。

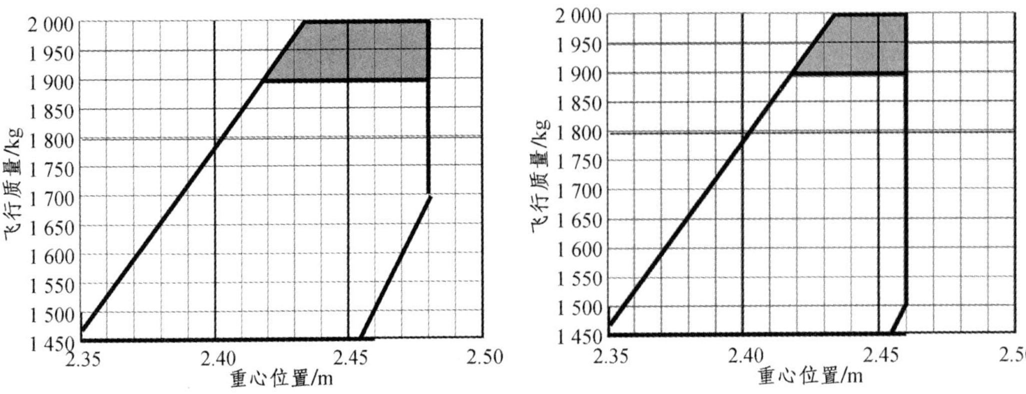

（a）正常重心包线　　（b）无可变升降舵限动的重心包线

图 2.15　无可变升降舵限动与正常重心包线对比

三、升降舵操纵

如图 2.16 所示，每侧驾驶位都有 1 个连接到扭矩管组件的操纵杆。扭力管组件连接到 1 个短推杆，短推杆连接到前主舱壁上的曲柄。曲柄杠杆连接到 1 个长推杆。长推杆穿过后行李舱、环行框 1 和环行框 2，对应有 3 个导辊（导向器）对推杆进行导向和固定，每个导辊有 3 个滚轮。长推杆后端与垂直安定面底部的升降舵曲柄相连，曲柄另一端与垂直推杆相连。垂直推杆与升降舵摇臂连接，它有 2 个平衡弹簧，连接到 1 个焊接在推杆上的支架上。这些弹簧帮助升降舵回到中心位置。

四、升降舵配平

升降舵配平有两种方式：机械配平和电动配平。机械配平操纵采用 1 个位于中央控制台上油门杆后方的黑色手轮进行操纵。整个升降舵配平系统由三部分组成，如图 2.17 所示。

（1）手轮组件，中控台上的手轮组件控制升降舵配平系统。该组件有一个金属安装框架，1 颗长螺栓穿过手轮将其固定在安装框架上，螺栓装有摩擦盘，2 颗防松螺母可以调节摩擦力。

手轮上有 1 个小齿轮。小齿轮与大齿轮扇的内齿啮合。大齿轮扇的下部装有 1 个球头螺柱，用于连接柔性钢索。大齿轮扇也是配平指示器，顶部端面有 1 条白线为大齿轮扇的中间线。驾驶员可以通过盖板上的槽看到这条白线。对比盖板的侧面标记，显示配平位置。

（2）柔性钢索，将手轮组件连接到配平片控制器上，该钢索穿过前后主舱壁、后行李舱框和每个机身环行框上的孔。它从垂直安定面的内部上升，并在其顶部后端连接配平片控制器。

（3）配平片控制组件有两个驱动杆连接在配平片上，左驱动杆连接柔性钢索，右驱动杆连接摩擦阻尼器。摩擦阻尼器有 1 个夹块，夹块上有 1 个孔穿有摩擦杆，该杆连接到右驱动杆上，摩擦力会抑制配平片的摆动。

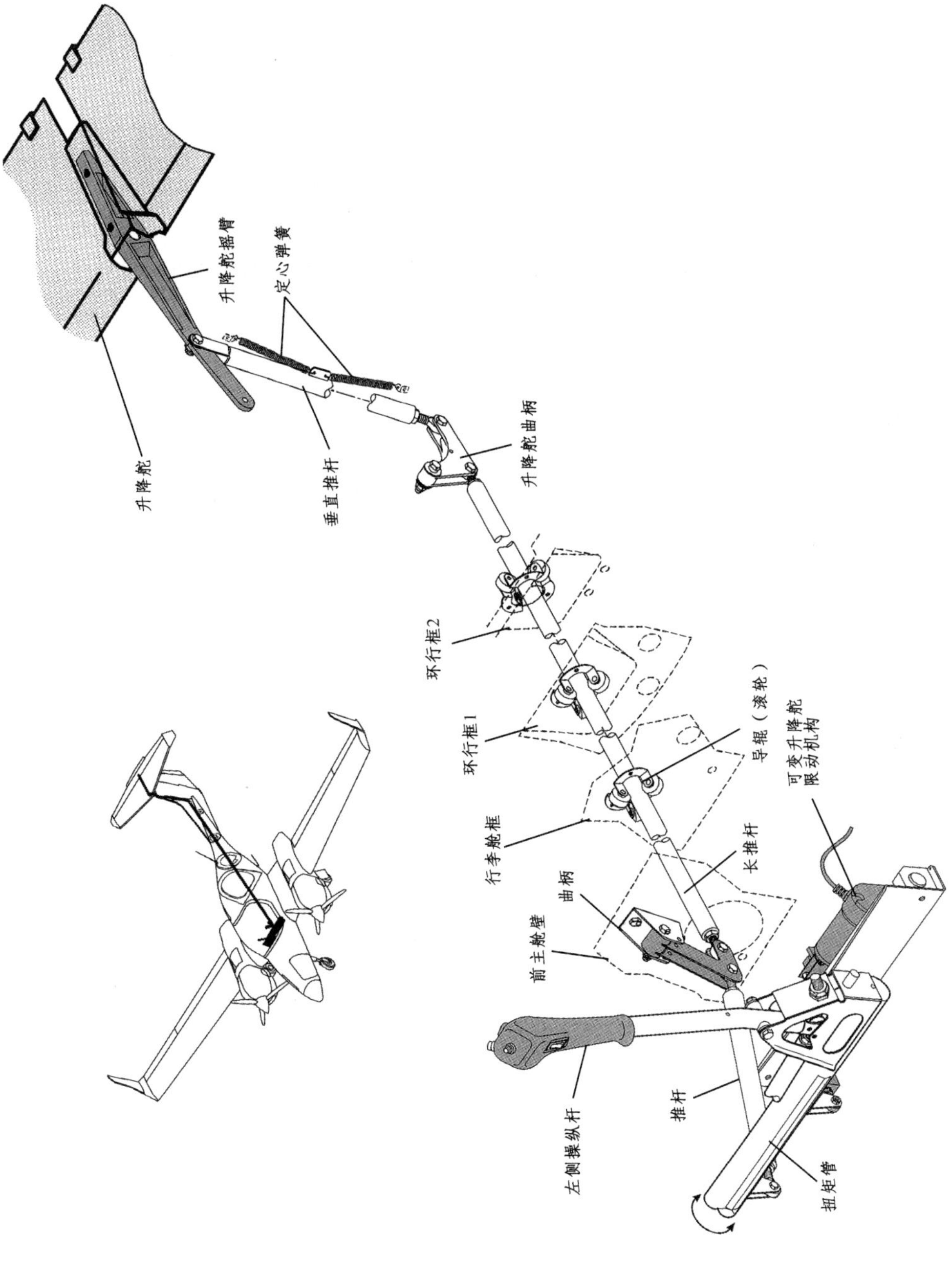

图 2.16　升降舵操纵传递路线

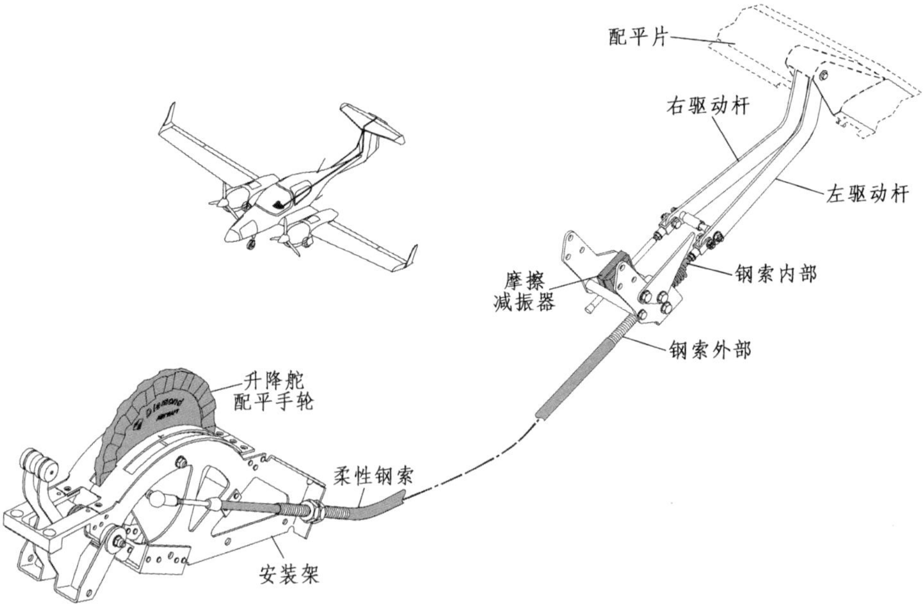

图 2.17　升降舵配平

电动配平电机通过操纵杆上的配平拨片控制正转和反转，电机通过链条带动手轮上的小齿轮以实现对配平的操纵。

第四节　方向舵

一、方向舵结构

方向舵由左右壳体组成，每个壳体都由玻璃纤维复合材料外壳和刚性泡沫芯组成。壳体在凸缘处粘接、顶部、底部和后缘也粘接在一起。左壳有一个方向舵配平控制杆整流罩。

如图 2.18 所示，舵的前缘底部有一个平面。平面有 2 颗安装螺栓将舵连接到舵下部的安装支架上。同时，2 个轴承支承方向舵。1 个轴承销在靠近顶部的前缘，它与 1 个附在垂直安定面后部的轴承啮合。下轴承在方向舵下部的安装支架上。支架包括方向舵限动，由 4 颗螺钉固定在垂直安定面的后腹板上，由 2 颗螺栓连接方向舵在支架上。

垂直安定面与方向舵的左右两侧间隙需用间隙密封带密封，以防进入杂物。

二、方向舵操纵

DA42NG 型飞机为每个飞行员配备了一套方向舵操纵脚蹬。6 颗螺栓将每个方向舵脚蹬组件连接到驾驶舱地板上，脚蹬组件各有 2 个左右脚蹬。每个脚蹬都有 1 个连杆和 1

个脚垫，并在脚蹬外侧装有一个 S 形的管，管子的下部与脚蹬的枢轴对齐，管子的上部对准脚蹬的脚垫，如图 2.19 所示。S 形管是控制方向舵的运动部件。

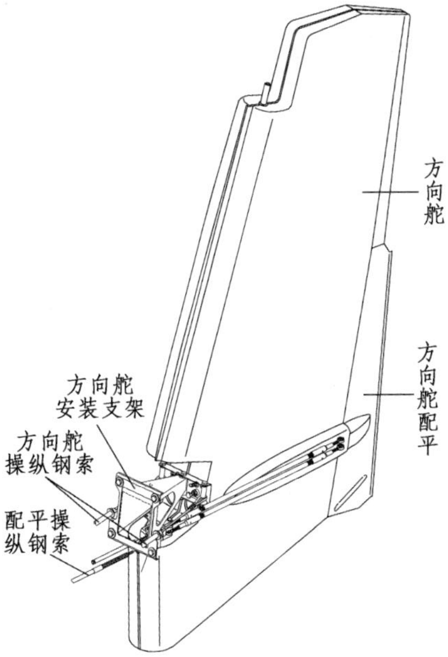

图 2.18　方向舵结构

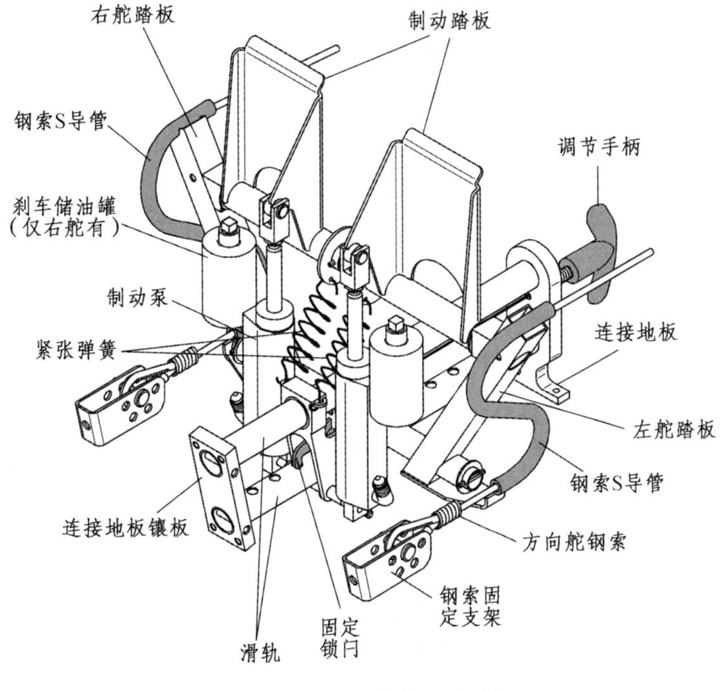

图 2.19　方向舵操纵机构

方向舵的操纵过程如图 2.20 所示。脚蹬组件可以通过拉动手柄前后调节，如果在拉手柄的同时用双脚前推，脚蹬组件会沿着滑轨移动并远离。松开手柄，然后用双脚踩在两个脚蹬上，锁闩会插入导轨锁定。反之直接拉动手柄将脚蹬组件拉向自己即可。当调整脚蹬的位置时，钢索会在 S 形管内移动。

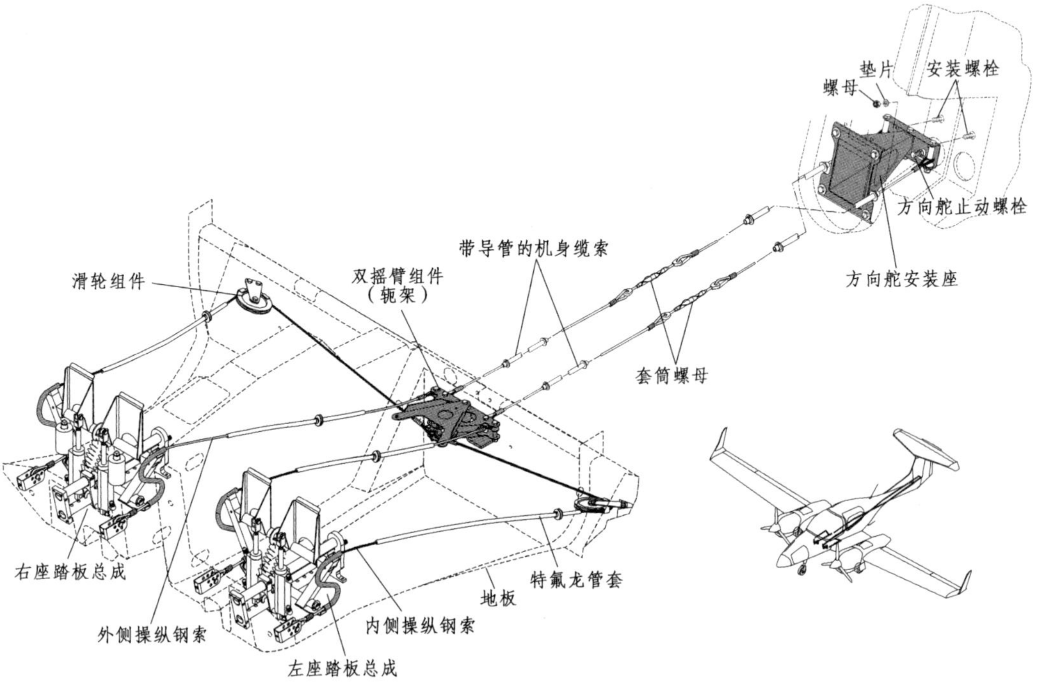

图 2.20　方向舵操纵过程

4 根方向舵操纵钢索固定在座舱前舱壁，进入每个 S 形管的底部，钢索穿过一个 S 形的管，从管的顶部出来。然后经过滑轮组件转向连接到双摇臂组件上（一个 T 形连杆）。

抵舵时 S 管前后转动并拉动钢索，穿出 S 管的钢索通过滑轮组件左右拉动轭架，轭架将操纵力导向方向舵安装支架，并改变为前后方向的拉动力以控制方向舵偏转。

三、方向舵配平

方向舵配平系统由 3 个主要部分组成，如图 2.21 所示。

（1）中控台顶部的手轮组件。手轮安装在一个长轴顶部，长轴顶部的矩形驱动器也带动指示器。长轴的顶部由中心控制台盖板支撑，在底部由托架上的轴承支撑。

长轴的下部有外螺纹。带有内螺纹的长轴锁块位于长轴的螺纹部分上，长轴锁块连接有曲柄。旋转手轮使长轴锁块上下移动，从而转动曲柄使曲柄上的钢索前后移动。

（2）一根长的柔性钢索将手轮组件连接到配平片控制器上。钢索穿过了所有的机身舱壁孔和垂直安定面的底部。柔性钢索端头带有螺纹，拧入摩擦止动块上的内螺纹孔洞。

（3）配平片控制器组件有一个控制摇臂与两个控制杆。摇臂粘接在配平片上并与两个控制杆相连。下方控制杆与钢索相连以接收操纵力。上方的控制杆通过螺栓连接在摩擦止动块的摩擦杆上。摩擦块通过弹簧与摩擦杆保持接触。如果配平控制失效，摩擦杆上的这种夹紧作用会抑制配平片的摆动。

在改变速度巡航时需要微调方向舵配平，以消除为维持飞机协调飞行而抵舵的力。遇到单发故障并处置完成后，根据需要可使用方向舵配平减小抵舵力。

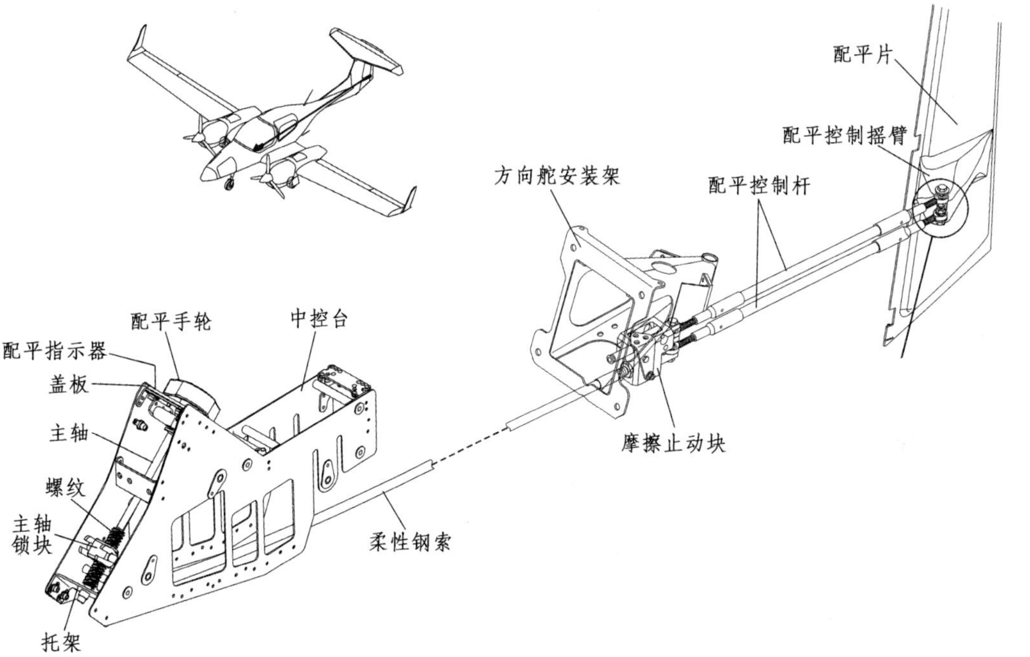

图 2.21　方向舵配平机构

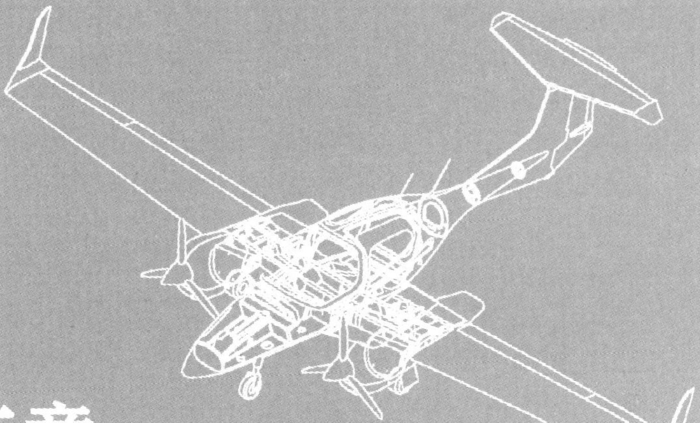

第三章

动力系统

DA42NG 型飞机配有两台型号为 AE330 的液体冷却、直列四缸四冲程活塞式 Austro Engine 煤油发动机。该发动机配有双顶置凸轮轴（DOHC），每个气缸有 4 个气门，气门通过凸轮从动组件进行驱动。发动机采用高压共轨技术实现燃油直喷，通过涡轮增压器与中冷器进行进气增压。螺旋桨通过齿轮箱和扭振减振器（双质量飞轮）驱动。所有发动机部件都由 EECU 控制。

AE330 型发动机基于梅赛德斯奔驰的一款技术成熟的柴油发动机。对于发动机的可靠性，在汽车领域的使用中就已经得到了证实和完善，因此只需针对此原型机在航空应用的适用问题上加以改造即可，如提供合适的冗余系统或针对更高高度和更低温度的运转而对发动机进行调整。图 3.1 展示了部分发动机的关键部件。

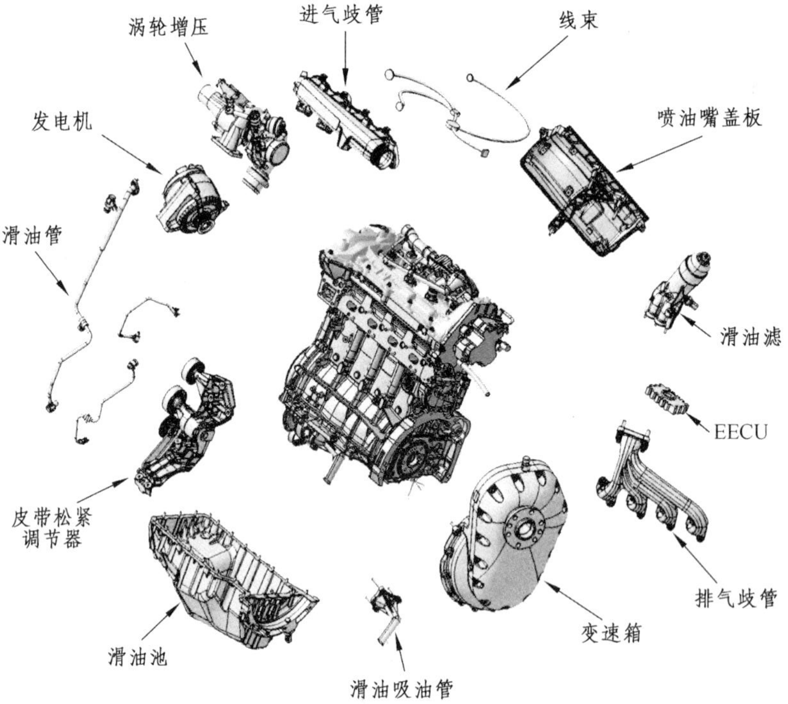

图 3.1　AE330 型发动机关键部件

第一节　发动机部件

一、齿轮箱

AE330 型发动机装配有一个齿轮箱以降低发动机输出转速。齿轮箱可以将发动机的最高转速 3 880 r/min 降至螺旋桨的 2 300 r/min。齿轮箱的减速率为 1：1.69。齿轮箱包含 3 个齿轮，分别是驱动齿轮（接曲轴）、中间齿轮和减速齿轮（接螺旋桨）。齿轮箱壳体本身是铸造的，而齿轮是由锻钢制造。调速器安装在齿轮箱顶部，控制螺旋桨的桨距。齿轮箱内有一套完整的润滑系统用于齿轮箱的润滑和散热。

二、扭振减振器（双质量飞轮）

扭振减振器是连接到发动机曲轴上的一个用来减少扭振的装置。每次气缸点火，爆燃做功带来的扭矩传导给曲轴，曲轴在该扭矩下偏移，当扭矩释放时导致振动。固定在曲轴前部的扭振减振器吸收并缓冲了振动。

减振器由 2 个元件组成：1 个质量块和 1 个能量消耗元件。质量块抵抗振动的加速度，而能量消耗元件吸收振动。减振器被安装在核心机和齿轮箱之间。

减振器的另一个目的是在运转时吸收从螺旋桨上传来的发动机振动以保护曲轴不被损伤。这是由两组不同刚度的弹簧完成的。

三、曲轴箱

AE330 E4-C 型发动机的曲轴箱是单独一块整体挤压铸造的部件。基于这样的设计（铸铁），曲轴箱不需要单独的气缸套。曲轴箱的铸铁设计有良好的失效安全运行功能。AE330 E4-C 型发动机为直列式，液冷发动机，曲轴箱包含了气缸和冷却液通道。气缸间隔 90 mm（3.543 in），气缸内径 83 mm（3.268 in）。单个气缸的容积为 498 cm^3（30.4 cu in），发动机的总容积为 1 991 cm^3（121.5 cu in）。曲轴箱底部有一个滑油收油池用于发动机的滑油供给。

曲轴箱中的曲轴由锻钢真空重塑打造，共有 5 个主轴承。曲轴前端连接扭振减振器。曲轴后端连接有链条传动轮，负责驱动安装在发动机收油池内的内部滑油泵，凸轮轴也通过曲轴上的齿轮链条驱动。曲轴末端装有 V 形楔带驱动轮，负责驱动安装在曲轴箱后部的冷却液泵，以及对交流发电机的驱动。

四、气缸头

气缸头由高强度铝合金制造。气缸头装配有两个凸轮轴。气缸内气体的流进流出被气门的开合控制。凸轮轴操作 16 个气门。

AE330 E4-C 型发动机的燃烧室形状由活塞形态所决定。气门的布置方式使进气以旋流方式进入燃烧室以提高燃烧效率。

燃油喷嘴的位置在 4 个气门中间。紧挨着喷嘴孔的是发动机预热时用的电热塞孔。其余的气缸上的开口是冷却液通道，通道内的冷却液流经发动机时带走热量。发动机的压缩比为 17.5∶1。

（一）气　门

AE330 E4-C 型发动机上有 16 个气门，8 进 8 出的气门由带有液压气门间隙补偿的挺杆驱动。每个气缸 4 个气门，包括 2 个进气门 2 个排气门。气门被设计在燃烧室中心环绕排列，以提高燃烧效率。进气气门的直径为 29.5 mm（1.161 in），排气气门的直径为 24.66 mm（0.971 in）。

（二）凸轮轴

发动机装配有两个安装在气缸头的凸轮轴（顶置凸轮轴）。凸轮轴控制每个气缸的进气门和排气门的开放关闭时机。

一个凸轮轴被双钢链的曲轴链（正时链条）直接驱动，该链张力调节是自动的。另一个凸轮轴被第一个凸轮轴通过直接传动齿轮驱动。

凸轮轴前端装有高压油泵的驱动齿轮。

（三）电热塞

电热塞控制单元（GPC）是发电机冷启动时必需的，并且是否启动电热塞依赖于冷却液温度。GPC 由主汇流条供电，打开发电机电门时如果警告窗内显示白色“GLOW ON”时则表示电热塞正在工作，此时不可启动发动机。

发动机装配有 4 个电热塞。依靠发动机温度（冷却液温度），为发动机确定适当的预加热时间，这个时间范围为 5～40 s。在预加热时间内，燃烧室被电热塞加热。在启动之后电热塞会继续加热，大约 60 s。

五、交流发电机

发动机装配有一个交流发电机，安装在发动机的防火墙后端，并被 V 形楔带驱动。它有一个集成调压器，当发动机的转速在正常范围时提供 28 V/70 A 的直流电源。

电压调节器基于感知到的交流发电机输出电压，提供一个励磁电流给发电机。如果测量到的发电机输出电压低于设计电压（标称 28 V）励磁电流则增加直到交流发电机输出电压达到设计值。

第二节　进排气系统

AE330 E4-C 型发动机的进排气系统由三部分组成，进气部分、涡轮增压部分和排气部分，如图 3.2 所示。

进气部分：外界空气由发动机蒙皮罩左侧（飞行员视角）的开孔进入进气口，在进气管道内，一部分空气经过气滤进入增压涡轮，另一部分空气流经中冷散热器为增压后的高温高压空气散热。

增压部分：飞机装有一个涡轮增压器，高压废气驱动涡轮机内的叶片高速运转，带动压气机叶片为过滤后的空气进行增压，从而提高发动机的进气量，进而提高发动机的功率和扭矩。ECU 根据喷油嘴喷油量和发动机转速调整废气阀门以获得所需的进气压力。

排气部分：发动机燃烧后的废气经排气歧管导入涡轮增压器的涡轮机内并驱动叶片高速运转，做功后的废气经排气管排出。排气管上安装有消声器以减小噪声。废气阀门控制器根据需要控制流经涡轮机的废气量以调节涡轮转速，达到控制增压压力的目的。

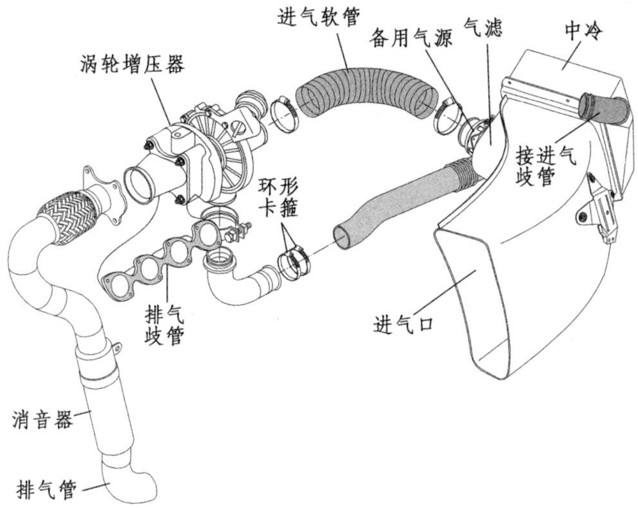

图 3.2 进排气系统

图 3.3 所示为进排气系统工作示意。

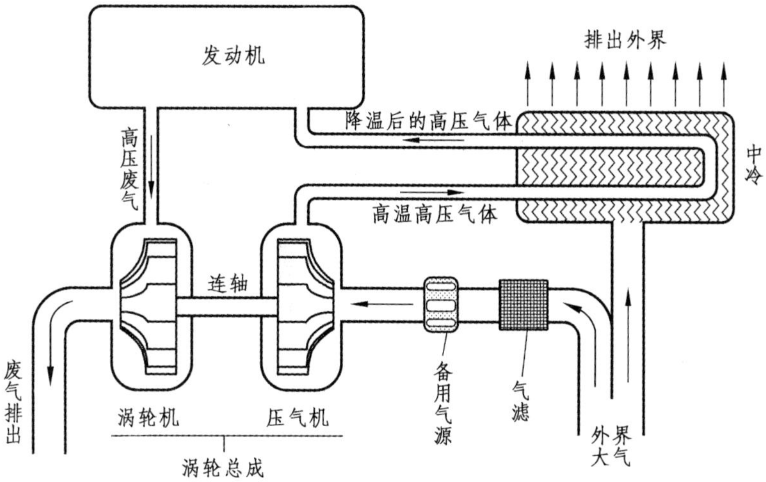

图 3.3 进排气系统工作示意

一、气滤和备用气源

经过进气管道分配后，参与燃烧的部分空气首先进入空气滤盒内（见图 3.4），盒内装有纸质滤芯可以过滤掉空气携带的异物和灰尘。干净的空气经过进气软管进入涡轮的压气机内。

备用气源安装在气滤盒的出口处，它是一个带有多个开口的环状阀门，阀门的开关手柄安装在仪表板下方的中控台右壁处。向外拉动手柄以打开阀门，阀门圆环上的多个进气口同时开启使发动机舱内的空气进入进气软管。向前推动手柄使阀门关闭。正常情况下不需要打开备用气源，如果有积冰或其他情况导致的气滤堵塞使发动机功率减小甚至失去动力，则需要打开备用气源。

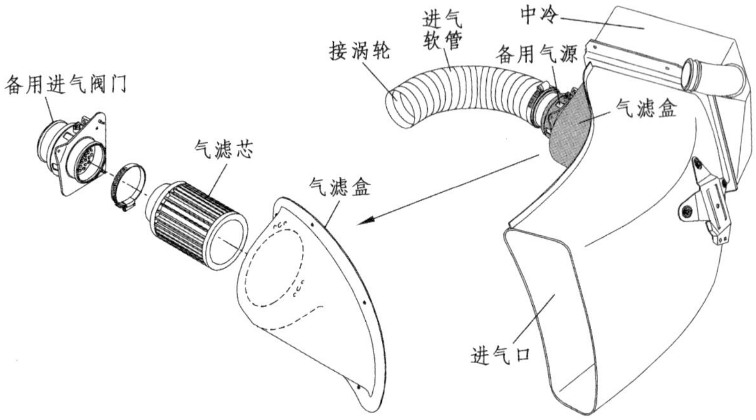

图 3.4　气滤和备用气源

注意：打开备用气源后，外界空气将不经过气滤进入发动机，为避免杂质或异物对发动机带来有可能的损伤，飞机在地面运行时严禁打开备用气源。

二、涡轮增压器

当发动机运转时，从发动机排出的废气流至涡轮增压器。涡轮增压器进口处的废气门可打开或关闭，使发动机排出的部分废气，或全部废气冲击涡轮叶片，对发动机进气进行增压，剩余废气流从排气总管排出，如图 3.5 所示。废气门的开度大小受发动机 ECU 控制。

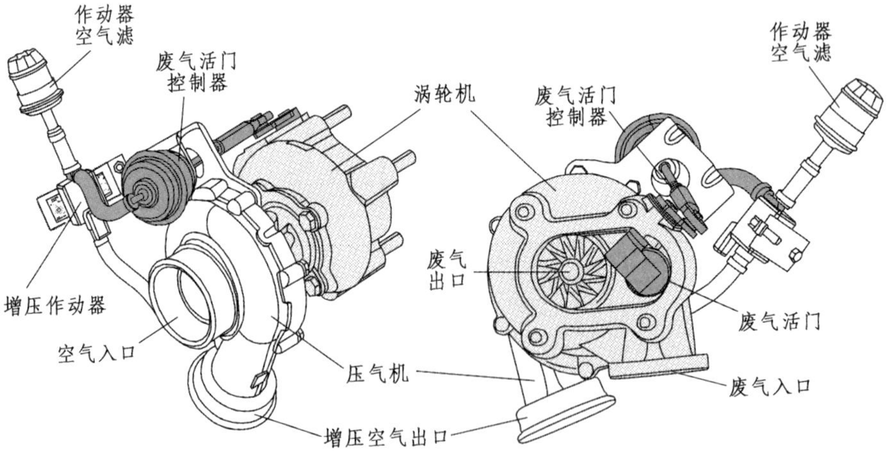

图 3.5　涡轮增压器

ECU 依据发动机转速和燃油喷嘴的喷油量计算出涡轮增压器增压后进气压力的目标值，然后依据发动机温度、进气温度及大气压力对目标值进行偏差处理，即给出修正信号。该修正信号控制涡轮增压作动器，从而由涡轮增压作动器控制废气门控制器。

涡轮增压作动器是一个 ECU 控制的电磁阀。废气门控制器主要用来调节废气门的开度。

增压作动器是通过进气压力来控制废气活门控制器中的膜盒。这个膜盒与涡轮增压器机械连接，膜盒的作动直接控制废气活门的开度，从而控制经过增压涡轮的废气量，最终控制进入发动机的空气的压力。

废气活门的开度决定了废气用来冲击增压涡轮的量的多少。废气活门打开时，有一部分废气直接从排气总管排入外界，增压压力降低；废气活门完全关闭时，所有的废气全部用来冲击增压涡轮，增压压力达到最大值；废气活门完全打开时，废气不经过增压涡轮，直接经排气总管排到外界，涡轮增压器不工作（废气门控制管路实际为旁通管路）。发动机处于地面慢车状态时涡轮增压器不工作。

涡轮增压系统是一个由 ECU 采集发动机转速和喷油量，并依据当前进气压力、进气温度、大气压力进行修正，由涡轮增压作动器（电磁阀）作动废气活门开关角度的大小，最终控制进入增压涡轮废气量多少的闭环控制系统。废气门完全关闭，增压压力最大；废气门完全打开，增压压力最小。

三、中冷器

经过增压的空气，温度和压力都大大提高，尤其温度升高后会导致空气膨胀密度降低，为了得到更高的容积效率，要在进入气缸前对高温空气进行冷却，需设置一个散热器（利用流过散热器的常温空气进行冷却），由于这个散热器位于发动机和涡轮增压器之间，因此被称为中冷器，如图 3.6 所示。

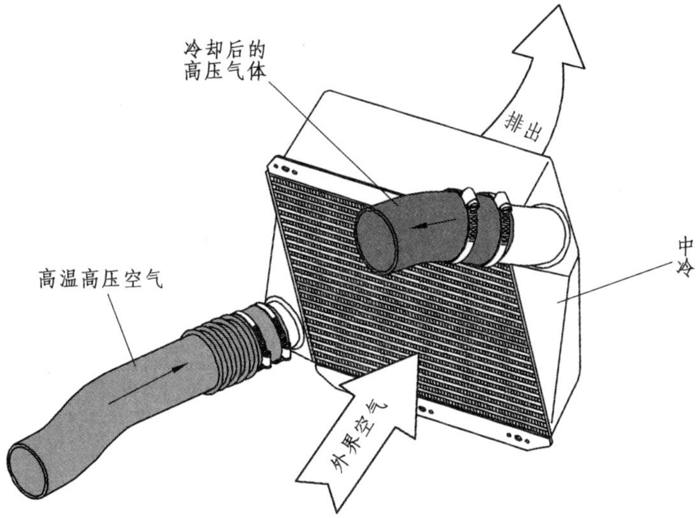

图 3.6　中冷器

中冷器位于发动机后顶部，与发动机安装框架连接。中冷器出口与发动机进口总管连接。进气总管压力传感器和进气总管空气温度传感器固定在发动机进气总管上。为了冷却热的压缩空气，中冷器由一个复合材料进气管提供外部冷空气。中冷器冷却的压缩空气流入柔性软管后，进入发动机进气总管。

第三节　滑油系统

AE300 E4-C 型发动机润滑系统分为两个部分：发动机主滑油系统、齿轮箱滑油系统。这是两个相互独立的系统，有各自的管路、油滤以及油泵等附件。

一、主滑油系统

AE300 E4-C 型发动机主润滑系统为机匣内置滑油泵由曲轴后端齿轮驱动，有独立滑油箱的湿槽滑油系统，如图 3.7 所示。

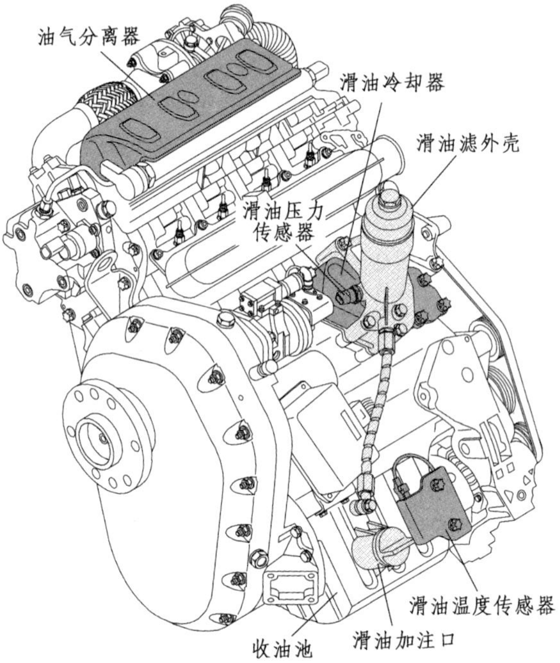

图 3.7　主系统滑油系统

发动机机匣底部作为滑油收油池，加油口位于发动机左侧，在滑油箱加油口处有一个带标尺的滑油口盖，可用于航前准备时对滑油量检查。滑油口盖右侧安装有一个滑油温度传感器。

滑油滤安装在收油池上部的发动机外壳上，滑油滤外壳上装有滑油压力传感器。滑油/冷却液热交换器在滑油滤底部，流经的冷却液为高温滑油降温。

油气分离器安装在发动机顶部的喷油嘴盖内，将滑油蒸气里的滑油液滴分离出来重新进入滑油系统，滑油分离器可大大降低滑油的消耗。

主系统滑油除了润滑发动机内部机件外还有外置管路对涡轮增压器进行润滑，润滑后的滑油流回机油匣。

主滑油系统循环如图 3.8 所示。

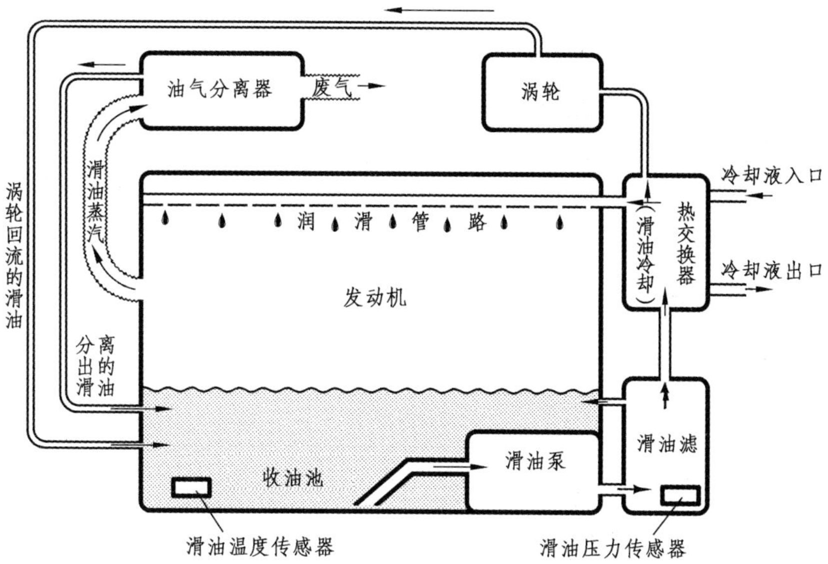

图 3.8　主滑油系统循环

发动机底部的机匣负责收集与储存滑油。滑油泵由曲轴后端齿轮驱动从收油池底部抽吸滑油进入滑油滤。滑油滤外壳上装有滑油压力传感器以测量滑油压力。经过油滤的滑油进入一个热交换器与冷却液进行热交换，冷却液将高温滑油的热量带走以保证合适的滑油温度。冷却后的滑油通过发动机内部的滑油管路对发动机部件进行润滑，还有单独的外置管路对涡轮组件润滑。流经各部件的滑油回流到机油匣。

发动机曲轴箱内有一个滑油蒸气的出口，高温高压的滑油蒸气经过管路进入油气分离器，将滑油和废气分离开。分离出来的滑油流回机匣，废气则被排出。

（一）收油池

如图 3.9 所示，发动机机匣的下部作为主滑油系统的收油池。在收油池内有一个内置滑油泵和滑油温度传感器，传感器安装在滑油加油口的右侧（后部），采集收油池内的滑油温度，并传递给 ECU。收油池内的滑油泵对滑油增压，增压后的滑油对发动机中机件和所有的轴承提供润滑（除了齿轮箱中的轴承）。滑油箱容积为 5～7 L。

（二）滑油滤/滑油散热器

如图 3.10 所示，在靠近发动机进气总管处有一个滑油滤安装座，滑油滤就安装在其上方。在滑油滤安装座上还设置了滑油回油管，回油管连接至滑油收油池。在滑油滤安装座侧面安装有滑油压力传感器，所测量的为滑油泵出口处未进入滑油滤之前的滑油压力。该传感器传递信号给 ECU，并在座舱显示系统中显示滑油压力。

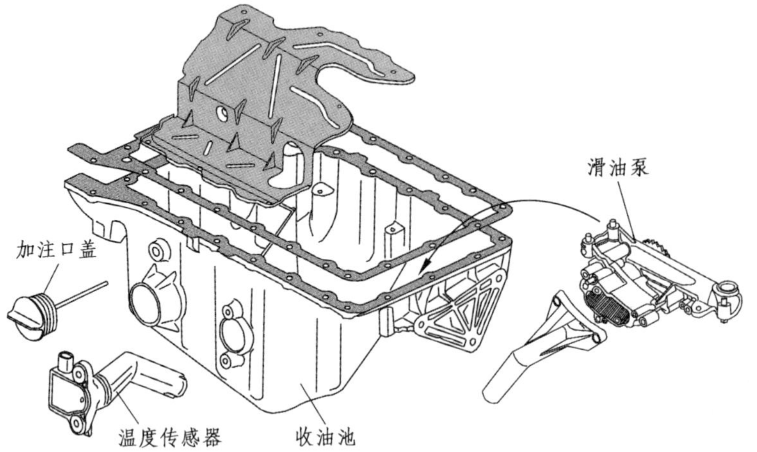

图 3.9　收油池

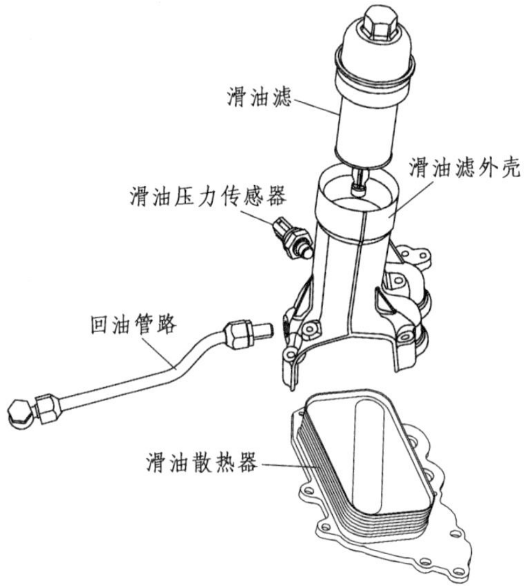

图 3.10　滑油滤和滑油散热器

滑油被滑油泵增压后先经过滑油滤，再通过滑油/冷却液热交换器，对滑油进行冷却后，然后才对发动机各机件进行润滑。滑油/冷却液热交换器安装在滑油滤安装座下部，滑油流过滑油/冷却液热交换器并被冷却液冷却（产生热交换）。

（三）油气分离器

AE300 E4-C 型发动机主滑油系统设置了油气分离器，如图 3.11 所示。机匣内的滑油温度较高，会形成滑油蒸气，其经过机匣通气孔流出。油气分离器的作用为从机匣通气孔流出的滑油蒸气在进入到外界环境前，通过油气分离器里离心器的作用，使得蒸气中的滑油被分离，从回油管道回到收油池。

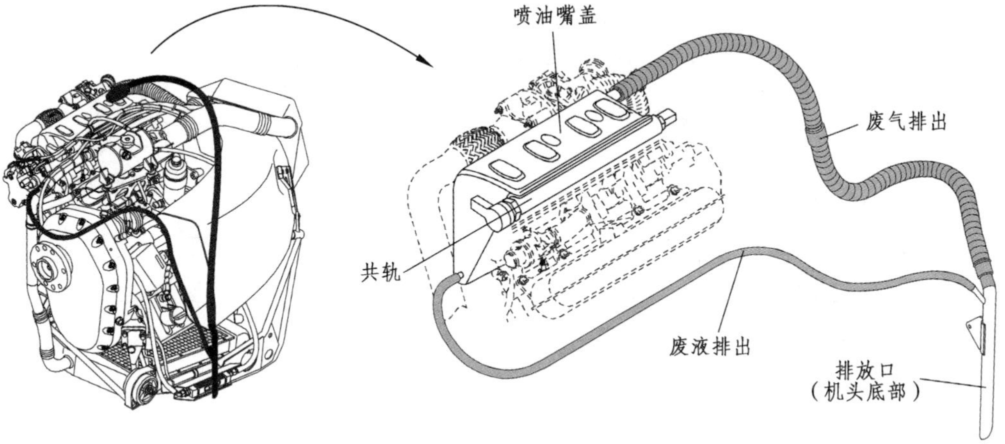

图 3.11　油气分离器

如图 3.12 所示，油气分离器安装在燃油喷嘴罩下，同时为防止油气分离器中的压力过高，设置了过压活门（卸压活门）。油气分离器进行油气分离时利用了离心力，不同质量的颗粒，在旋转时离心力也不同。混合气中的滑油在离心力的作用下被甩向分离器壁，并在重力的作用下沿下部的回油管路流回收油池，空气则从顶部出口流出。

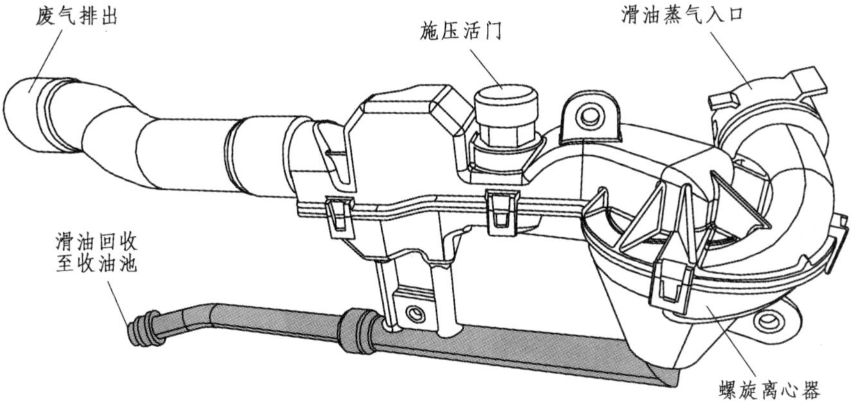

图 3.12　油气分离器的安装位置

二、齿轮箱滑油系统

齿轮箱有自己独立的滑油循环系统，一个内置的滑油泵对滑油增压后，对齿轮箱内部机件进行润滑。另外，调速器所使用的滑油也来自齿轮箱中的滑油，如控制螺旋桨变距、回桨储压器储存压力。齿轮箱滑油箱容积为 2 L。

图 3.13 展示了齿轮箱内部滑油油路。齿轮箱的润滑主要通过内部的齿轮箱滑油泵实现。滑油泵通过抽油管从齿轮箱底部抽油，经过滑油滤后喷出。喷出的滑油在齿轮的带动下形成循环线路。

中国民航飞行学院的 DA42NG 型飞机增加了 MÄM 42-600 改装，取消了齿轮箱后部的冷却液热交换器散热组件，改为结构简单的铝片格栅风冷散热，如图 3.14 所示。

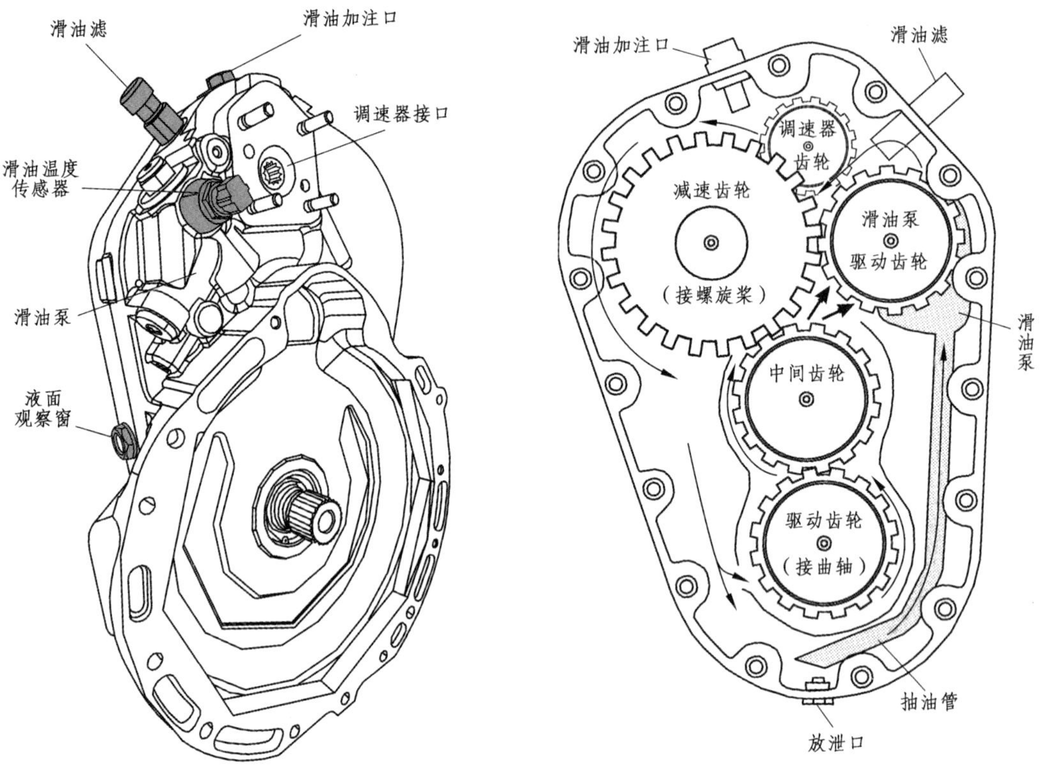

图 3.13　齿轮箱内部滑油油路

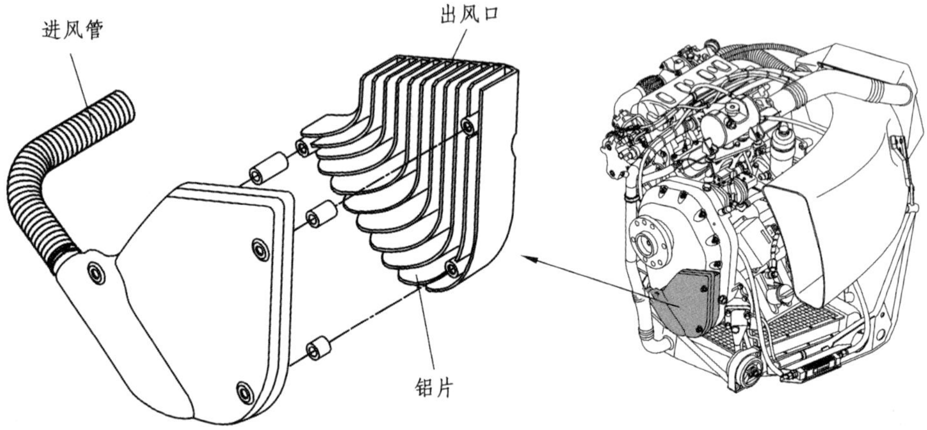

图 3.14　改装后的齿轮箱散热

该散热器安装在齿轮箱前面下部，一个进风管从发动机蒙皮下部的开口处引入外界空气。引入的空气经过由铝片格栅组成的散热器带走变速箱的热量。被加热的空气从格栅的上部排出流入发动机舱，从发动机蒙皮的出风口排出外界。

第四节　冷却系统

AE300 E4-C 型发动机的冷却系统为液冷式。利用冷却液和发动机的热交换来控制发动机的温度。无须设置散热片。液冷系统的冷却液为水和防冻剂的混合物，液冷系统主要部件为恒温控制阀、冷却液泵、热交换器、散热器、冷却液箱，以及各种连接管路，如图 3.15 所示。

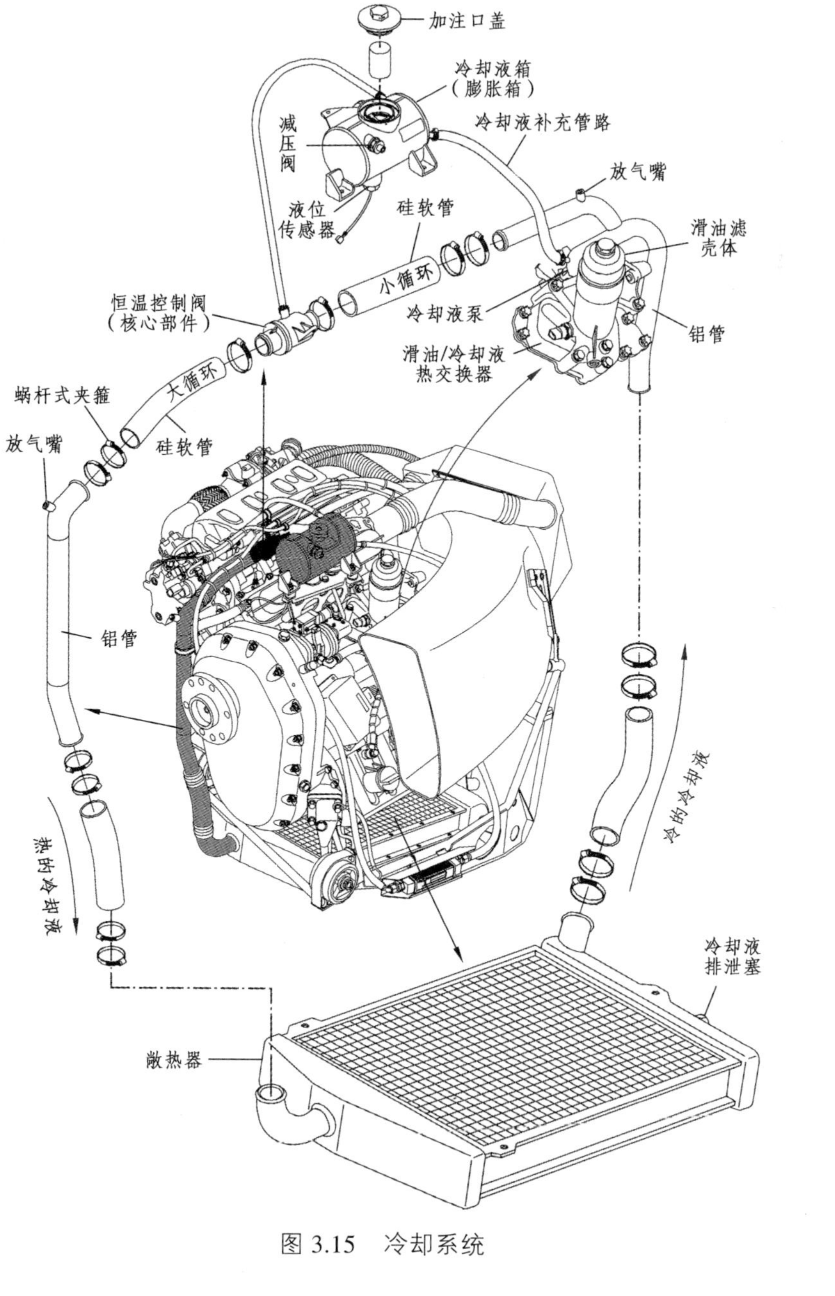

图 3.15　冷却系统

恒温控制阀为液冷系统的核心部件，用来控制整个液冷系统的工作情况，根据冷却液不同的温度控制冷却液在管路中的流向。

冷却液被冷却液泵驱动进入发动机管路和滑油/冷却液热交换器，依靠冷却液较低的温度进行热交换，升温的冷却液从发动机顶部流出并经过恒温阀。

如图 3.16 所示，在冷却液系统中有两条循环通路，即大循环和小循环，由恒温阀控制。冷却液温度低于 80 °C 时，只有小循环打开将冷却液直接流回冷却液泵；当冷却液温度高于 80 °C 时就开始打开大循环的散热器回路；冷却液温度高于 95 °C 时散热器回路（大循环）完全被打开，小循环完全被关闭。流经座舱加温热交换器的回路不受恒温阀控制，只要发动机运转就一直有冷却液流动。

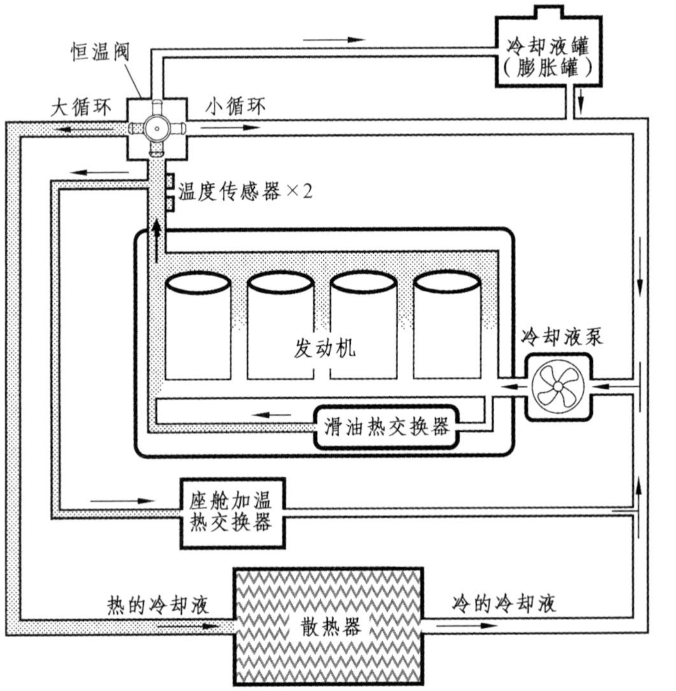

图 3.16　冷却液循环系统

一、冷却液温度传感器

冷却液温度传感器用来感受冷却液和评估冷却液温度，并用来控制电热塞的作动。一共有 2 个冷却液温度传感器，安装在进气总管的前端，如图 3.17 所示。两个温度传感器所起的作用不同，一个将温度信号传递给 ECU，一个将温度信号传递给电热塞控制盒，控制电热塞工作。

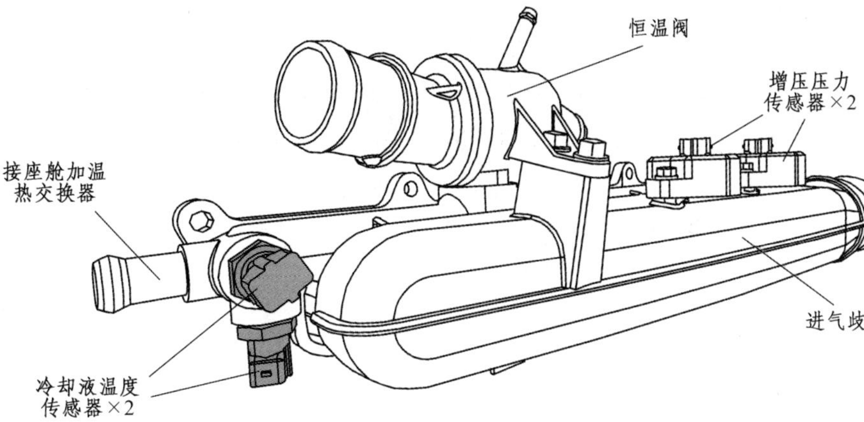

图 3.17　冷却液温度传感器安装位置

二、恒温阀

恒温阀为液冷系统的控制元件，它主要是用来调节各个冷却液循环回路的冷却液流量及关断，从而起到温度控制的作用，如图 3.18 所示。恒温箱调节的依据为系统的冷却液温度。当系统温度达到 80 °C 时，恒温阀开始打开；当温度达到 95 °C 时恒温阀全部打开。恒温阀在逐渐打开的过程中，冷却液的循环管路由小循环切换到大循环。

恒温阀后部的温度传感器与发动机控制系统连接。综合驾驶舱系统（ICS）显示器指示冷却液温度。

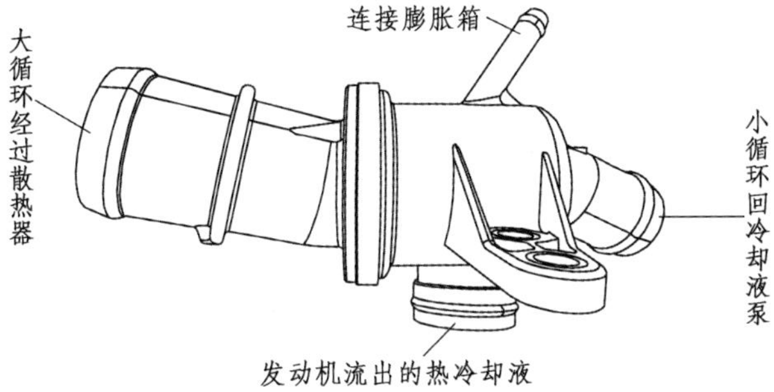

图 3.18　恒温阀安装位置

三、膨胀罐

冷却液箱也叫作冷却液膨胀罐，位于恒温阀上方发动机顶部，这是系统的最高点。如图 3.19 所示，膨胀罐有一个泄压阀，冷却系统压力过高时会打开卸压。恒温阀有一个小口径软管连接至膨胀罐上部，使冷却液中的气体从循环中排出。膨胀罐底部到冷却泵入口之间用小直径软管连接，为冷却液系统补充冷却液。冷却液位传感器安装在冷却箱内并控制综合驾驶舱系统的水位警示灯。

注意：在发动机处于热发状态时不能打开膨胀罐盖子，防止溢出烫伤。

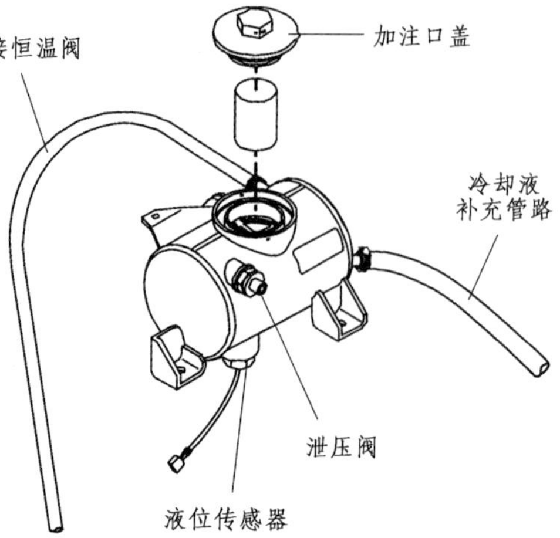

图 3.19　膨胀罐安装位置

第五节　螺旋桨系统

螺旋桨系统主要由螺旋桨、调速器、回桨储压器组成，如图 3.20 所示。

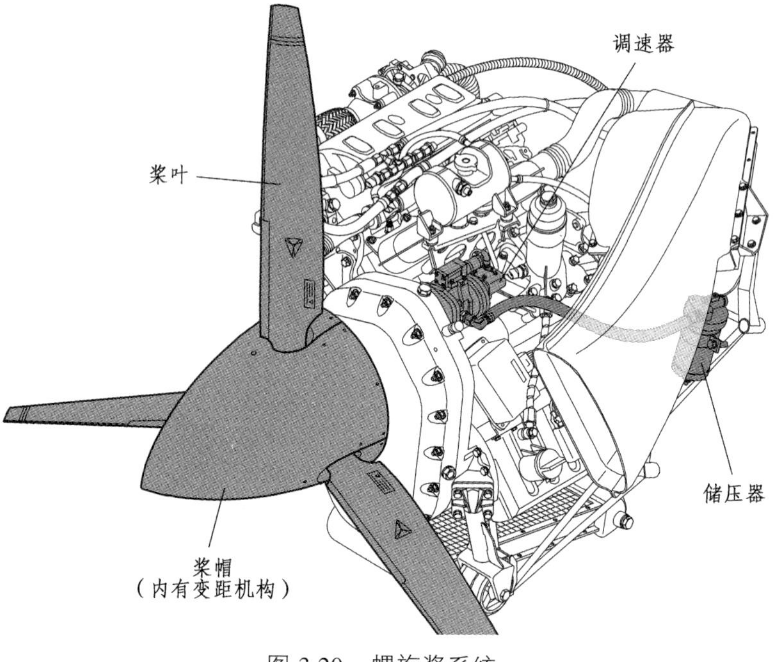

图 3.20　螺旋桨系统

一、螺旋桨控制

电子发动机控制装置（EECU）通过控制油压从而调节螺旋桨桨距。如图 3.21 所示，齿轮箱的滑油流经恒速调速器调节螺旋桨变距机构的滑油压力。滑油压力增大桨距角变小，滑油压力减小桨距角变大。滑油通过空心螺旋桨轴从调速器流入螺旋桨桨毂。

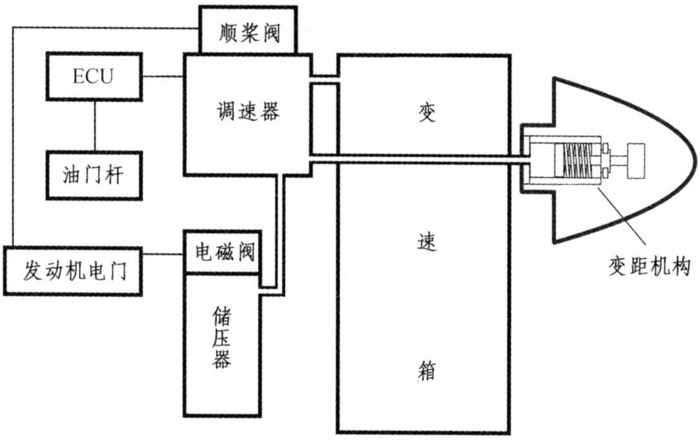

图 3.21　螺旋桨控制流程

螺旋桨桨距调节系统与发动机 EECS 系统集成为一体。桨距由发动机 EECU 自动调节并根据功率杆设定位置进行调节，从而获得所需转速。

二、变距机构

螺旋桨工作时，离心扭矩通常会使桨叶向小桨距转动。但是 DA42NG 型飞机上安装的螺旋桨，其每个桨叶都装有克服离心扭矩的配重。配重对离心扭矩反作用使桨叶朝大桨距转动。此外，螺旋桨桨毂内的弹簧也配合配重，迫使桨叶朝顺桨方向（大桨距）转动。所以在螺旋桨工作时需要调速器控制桨距，增大压力桨距减小，减小压力桨距增大。

为了满足不同的工作环境对桨距的要求，螺旋桨设置了桨距止动块（启动锁）限制桨叶向大距运动（螺旋桨转速低于 1 300 r/min）。当螺旋桨转速大于 1 300 r/min 时，离心锁（桨距止动块）脱开，使螺旋桨桨叶运动越过起动锁位置。

正常飞行（螺旋桨转速大于 1 300 r/min）过程中，如果滑油压力出故障，离心锁脱开，螺旋桨桨毂上的配重和弹簧将迫使螺旋桨顺桨。

三、调速器

DA42NG 型飞机配备了可变距顺桨螺旋桨，每个螺旋桨有 3 片表面覆盖玻璃纤维复合材料的木质桨叶，如图 3.22 所示。桨叶表面喷涂丙烯酸清漆。桨叶前缘外侧用不锈钢套（叶鞘）保护以防侵蚀和腐蚀。不锈钢套由胶接固定到位。桨叶前缘内侧段是用自粘胶带（PU 胶带）保护。

DA42NG 型飞机螺旋桨调速器为液压恒速式调速器，它在工作中不断地改变螺旋桨的桨距从而来匹配螺旋桨在不同的飞行条件下的负载。调速器的主要部分是一个飞重控制的释压控制活门。飞重在一个旋转离心配重头上转动，弹簧控制活门被离心配重定位，一个齿轮电动机驱动动作螺栓来改变控制活门上的弹簧负载。弹簧负载的大小决定螺旋桨恒定转速的大小。

螺旋桨调速器由发动机 EECS 系统控制。调速器通过改变螺旋桨桨叶角（桨距）控制发动机转速。如图 3.23 所示，其工作原理与机械式调速器类似，都是通过飞重的位置来改变油路。调速器控制高压滑油的流动来小范围调节螺旋桨桨距，以达到保持恒定转速的目的。

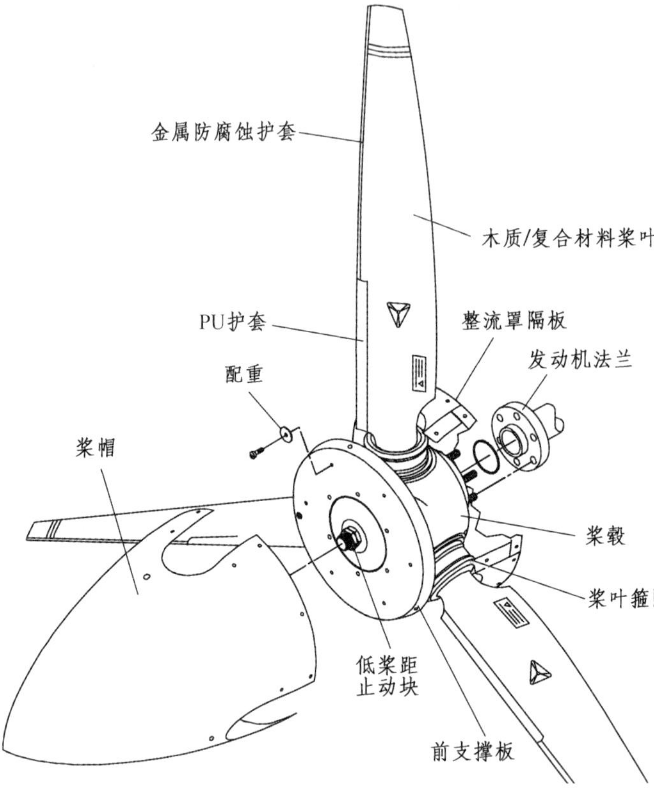

图 3.22　螺旋桨

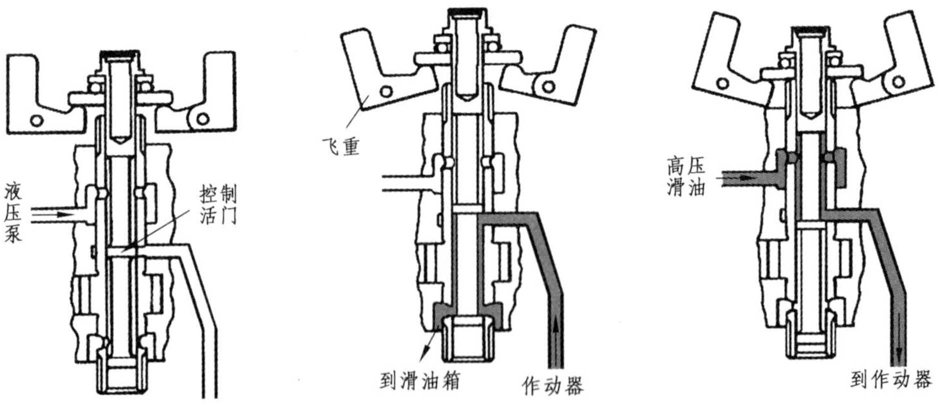

（a）转速合适

（b）转速偏大时滑油回流增加桨叶角

（c）转速偏小时滑油加压减小桨叶角

图 3.23　调速器原理

ECU 根据油门杆的设置调整控制活门的弹簧负载，转速合适时，飞重的离心力和弹簧负载平衡，控制活门在中立位，滑油不流通。转速偏大时飞重离心力大于弹簧负载，控制活门移动并打开回流通道将作动器内的部分滑油回流至滑油箱，油压减小桨叶角增大，螺旋桨减小至合适转速。反之同理。

螺旋桨桨毂的后端面（靠近发动机侧）有 6 根双头螺栓。螺旋桨由 6 根双头螺栓和 6 颗螺母和垫圈固定在发动机曲轴法兰上。

螺旋桨整流罩隔板（背板）用 6 颗螺栓固定在桨毂后部，螺栓采用保险丝紧固，前支撑板用 6 颗螺钉固定在桨毂前部，螺钉用保险丝紧固。螺旋桨整流罩是复合材料并用螺钉固定在后隔板上。

四、回桨储压器

螺旋桨控制系统中安装了一个氮-滑油型蓄压器。如图 3.24 所示，在齿轮箱滑油系统压力作用下，滑油通过高压油管进入储压器，储压器内的氮气在滑油压力下被压缩。当发动机电门置于关闭位置时，蓄压器电磁阀也会关闭，压缩的氮气使罐内的滑油存储了一定的压力。

回桨储压器的主要作用就是在齿轮箱滑油泵未产生滑油压力前，为顺桨的螺旋桨提供回桨的动力。为使螺旋桨回桨，必须接通发动机主开关。位于滑油蓄压器的电磁阀打开，滑油在氮气压力作用下从蓄压器流入螺旋桨。流入螺旋桨的滑油使桨叶移到低桨距位置。低桨距时螺旋桨桨距角为 13°±0.2°。一旦螺旋桨开始运转，齿轮箱中滑油将会重新流入回桨储压器，再次储压。

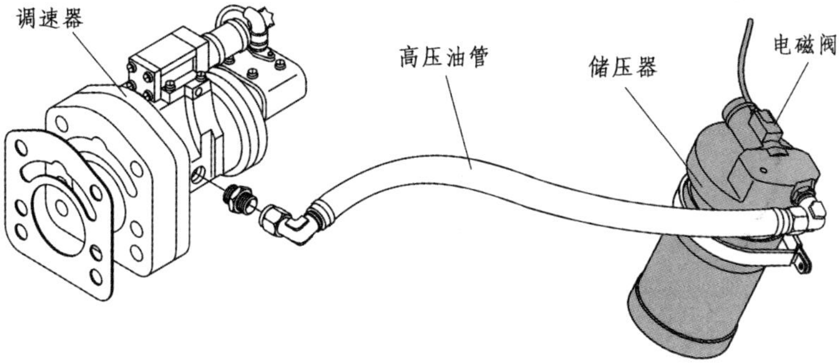

图 3.24　回桨储压器

第六节　发动机控制

一、概　述

AE300 E4-C 型发动机与中国民航飞行学院当前使用的发动机在控制方面最大的区别在于使用了 EECU 系统。该系统使飞行员通过功率杆控制所有发动机参数。飞行员只需选择功率杆位置，EECU 就可以调节所有参数，包括螺旋桨桨距。

发动机的控制系统实际上是一个进行偏差控制的闭环自动控制系统，包括采集环节、输入环节、比对环节、输出环节、作动环节，如图 3.25 所示。系统在控制系统中，EECU 接收来自传感器的输入信号，包括飞行员选择的功率负载，大气温度、发动机温度和大气压力等变量，来控制燃油喷射、螺旋桨桨距和进气压力等直接影响发动机工作状态的参数。

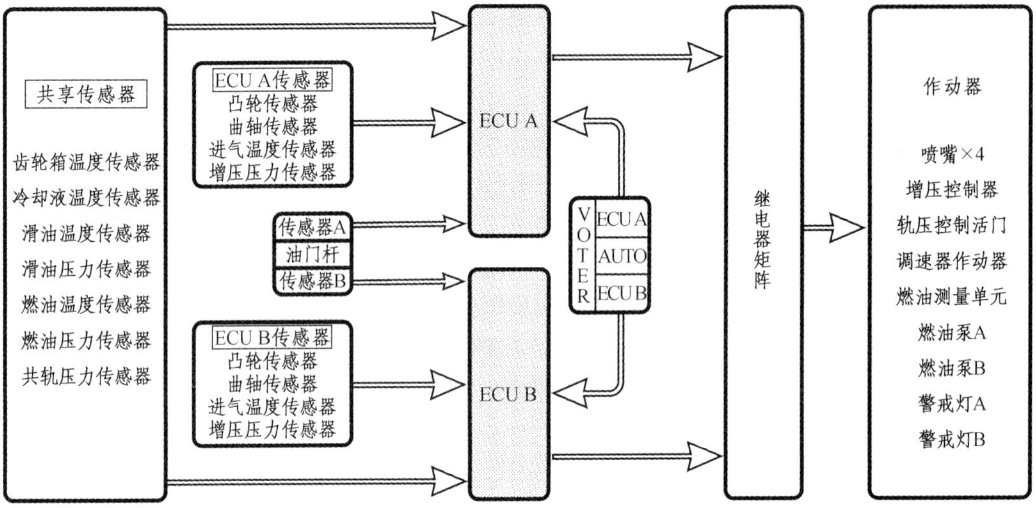

图 3.25　发动机控制系统原理

ECU 先根据当前发动机的工作状态设置一个目标值，然后去修正实际值，最终消除或减少偏差。如在涡轮增压系统中，根据转速和喷油量，设置一个进气压力的目标值，然后依据当前进气温度、大气压力等参数进行修正。这个修正过程是连续的，最终达到所需的状态。

发动机控制系统由传感器和作动器、EECU（电子发动机控制单元）、GPC（电热塞控制装置）、交流发电机、调压器、起动机等组成。其中，GPC 不直接受 ECU 控制，而是根据当前冷却液温度自动控制。在这个控制系统中传感器、作动器和 EECU 为最为核心的部件。

二、EECU 系统

EECU 系统有两个独立的数字控制单元，即 ECU A 和 ECU B。两个控制单元均可以实现发动机和螺旋桨所有的控制功能。这两个控制单元安装在发动机短舱下的一个控制盒内，如图 3.26 所示。正常操作时，交流发电机给系统供电（28 V），若交流发电机故障，ECU 由备用蓄电池供电。

系统的运行采用了热备份模式，即两个控制单元预装系统一样，均处于工作状态，但是只有一个去控制作动，另一个处于备份状态。在控制盒内有一套逻辑控制电路，决策哪一个 ECU 连接到作动机构，哪一个备份，有需要时可以自动切换。

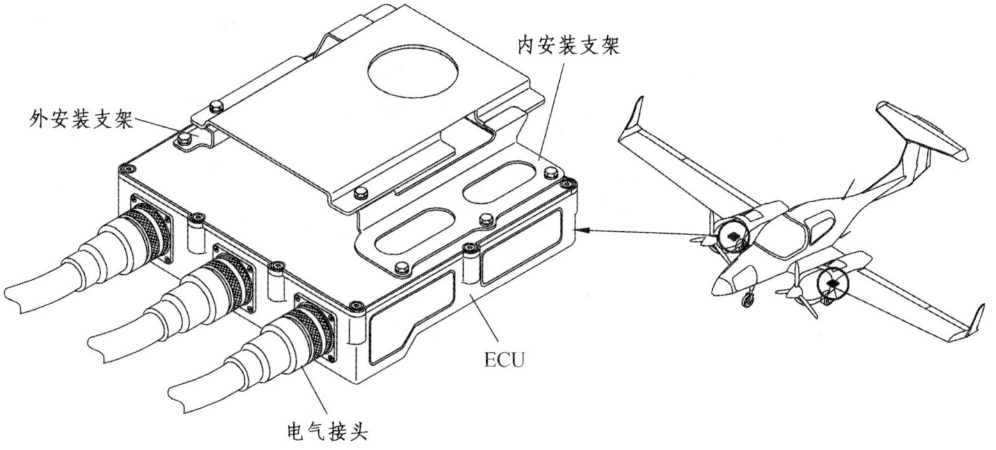

图 3.26 控制单元安装位置

EECU 有如下功能：

（1）外部接口的监控：EECU 监控所有外部接口，如传感器和作动器；EECU 识别故障，并在内部报告。

（2）开关函数监控：开关函数监控是一个单独计算的值，用于监测主要的发动机控制函数，如发动机转速计算、燃油喷射量计算。

（3）事件记录器和数据记录器：事件记录器存储出现的“事件”，如故障报告、超限。数据记录器循环存储选定参数的数值。这些条目都是基于内部的时钟记录的，在 EECU 内有一个额外的电池。

（4）故障检测和故障诊断。

（5）自动切换功能（两部 ECU 之间）。人为指令级别更高。仪表面板左侧的“ECU VOTER”开关，用于切换 ECU A 和 ECU B。在所有正常工作状态，该开关置于自动位置，一个 ECU 单元控制发动机工作；飞行员可以通过该开关手动选择工作 ECU 单元。

三、油门杆

在驾驶舱的中央操作台上安装有发动机功率控制杆（每台发动机一个），飞行员用它来选择发动机所需功率，如图 3.27 所示。每个功率杆上都设有独立的两套控制系统，即一套通向 ECU A，另一套通向 ECU B，两套系统均可以独立控制发动机。

操作功率杆可以作动霍尔传感器，从而传感器输出一个与当前功率杆位置匹配的信号（比例信号），这个信号决定了发动机的当前输出功率以及对应的螺旋桨转速。功率杆和传感器之间用推杆连接，调节推杆长度可以改变功率杆对应电位的相对位置。

霍尔传感器为双输出传感器，如果一个油门杆传感器故障，另一个传感器将接管控制；如果两个传感器均故障，系统采用一个默认值（80%）输入到 EECU，可以保证安全运行。

由于霍尔传感器为电磁效应传感器（电磁效应导致导体的两端出现电势差），需要进行信号范围（电压范围）检查。当电压不在某一范围内会触发“信号范围检查错误”这用于检测线路对地短路或与蓄电池电压短接。

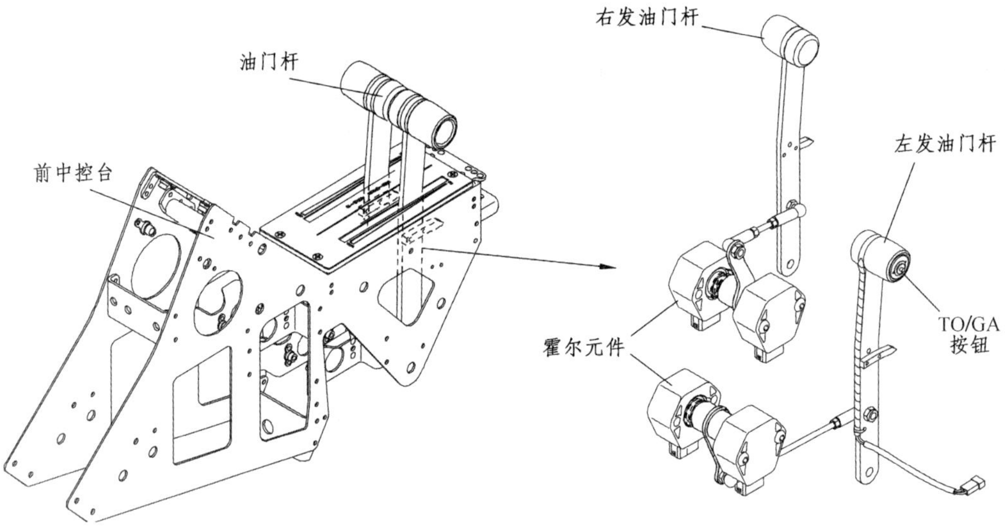

图 3.27　油门杆

四、传感器

在控制系统中，安装在发动机上的传感器用来采集数据。传感器大致可以分为共用传感器和只为ECU A或ECU B采集数据的传感器。从数量上来说，只有一个的为共用传感器。共用传感器有齿轮箱滑油温度传感器、发动机滑油温度传感器、低压泵（燃油）压力传感器、共轨燃油压力传感器、发动机滑油压力传感器、冷却液温度传感器、燃油温度传感器。

（1）霍尔传感器：用于感应飞行员对功率负载的选择，安装在油门杆前方通过连杆连接。

（2）曲轴传感器：用于测量发动机转速。两个曲轴传感器安装在发动机的前下部。1号曲轴传感器安装在核心发动机的右前下方区域；2 号曲轴传感器位于发动机的左前下方区域。

（3）凸轮轴传感器：用于测量发动机位置。1 号凸轮轴传感器安装在 2 号喷油嘴和 1 号喷油嘴之间的喷油嘴盖下面；2 号凸轮轴传感器位于发动机的后侧涡轮增压器下面。

（4）进气压力传感器：为 ECU 提供进气总管处的进气压力数据，为控制涡轮提供参考，安装在进气总管上方。

（5）进气温度传感器：为 ECU 提供进气总管处的进气温度数据，为控制涡轮提供参考，安装在进气总管上方。

（6）燃油压力传感器：测量燃油进入高压油泵前的压力，反映燃油泵的供油情况，安装在高压油泵的燃油入口处。

（7）燃油温度传感器：测量燃油进入高压油泵前的温度，安装在高压油泵的燃油入口处。

（8）共轨压力传感器：共轨压力传感器对共轨压力进行测量，安装在共轨的尾部。

（9）油量计算单元：燃油计量单元是燃油共轨系统的一部分，它由 EECU 控制，安装在高压泵上。

（10）冷却液温度传感器：用于测量被发动机加热后的冷却液温度，安装在进气总管前端，通往座舱加温热交换器的管道接口处。

（11）冷却液面传感器：用于测量冷却液膨胀罐中补充液的液面高度，安装在冷却液膨胀罐中。

（12）滑油温度传感器：用于测量机匣收油池中的滑油温度，安装在机匣上的滑油加油口右侧。

（13）滑油压力传感器：用于测量滑油泵加压后的滑油压力，安装在滑油滤外壳上。

（14）齿轮箱温度传感器：用于测量齿轮箱内滑油的温度，安装在齿轮箱后部上侧。

（15）火警探测传感器：安装在发动机右侧（涡轮增压器上方）是一个双金属开关。当温度达到 260 °C（500 °F）时开关闭合，在显示器上给出“LH/RH ENG FIRE”警告，该警告不能人工取消。

五、发动机控制

（一）燃油控制

ECU A 和 ECU B 分别控制一个低压燃油泵继电器，且在工作时只有一个低压泵运转。但飞行员可以通过手动操作使得两个低压泵同时工作。

在工作过程中，如果选定的低压泵故障，则系统自动切换到另一个低压泵供油。

（二）轨压控制

ECU 在实现对燃油共轨压力控制时需要设定一个目标值，所有的控制作动均围绕这个目标值（偏差处理）进行。目标值并不是一成不变的，而是连续变化的。

燃油共轨压力目标值的设置是根据发动机的转速和即时燃油喷油量来设定的。

ECU 根据发动机温度、燃油温度、大气压力、蓄电池电压围绕目标值进行修正。

ECU 在设置目标值时有一个极限值，该极限值是依据燃油温度、当前燃油喷射量、发动机转速和蓄电池电压计算出的。

（三）喷油控制

燃油喷嘴的工作状态是由电磁阀控制的，而电磁阀的工作状态是由 ECU 控制的。在 1 次燃烧循环中，燃油喷嘴可多达 3 次喷射。喷嘴喷射时依据发动机当前扭矩，来决定采用主喷射，还是完全喷射。

燃油喷嘴的喷射时间由共轨燃油压力和即时喷油量决定。喷射时间可控保证了混合气在发动机低转速状态下稳定地燃烧。

高压燃油喷射的优点：燃油雾化效果好，在最佳时刻以更短的喷油时间输送期望的燃油量。

（四）调速器控制

通过不断改变螺旋桨的桨距来调节飞机发动机的转速，使螺旋桨的扭矩（发动机的负载）与发动机在飞行条件发生变化时产生的扭矩（发动机输出）相匹配。

根据油门杆传感器的位置，计算所需的螺旋桨速度设定点。

用检测到的发动机转速除以齿轮箱减速比得到螺旋桨当前转速，从而获得螺旋桨转速偏差值。该偏差转换成比例信号到作动器，并在作动器设置螺旋桨速度设定点。

调速器通过控制桨叶角的大小来改变螺旋桨转速，作动器则用来确保有正确的驱动。

（五）电热塞控制

每台发动机装有 4 个电热塞，根据发动机的温度（冷却液温度）确定发动机的适当预热时间（5～40 s 不等）。在预热期间，燃烧室被电热塞加热；启动后，EECU 有额外的启动后加热时间约 60 s，并继续为电热塞供电。

（六）涡轮控制

涡轮增压系统是一个由 ECU 采集发动机转速和喷油量，并依据当前进气压力、进气温度、大气压力进行修正，由涡轮增压作动器（电磁阀）作动废气活门开关角度的大小，最终控制进入增压涡轮废气量多少的闭环控制系统。废气门完全关闭，增压压力最大，废气门完全打开，增压压力最小。

六、发动机指示

发动机仪表系统窗口（EIS）位于 MFD 的左侧，并且有一显示发动机参数的专用页面，用来显示关键发动机数据和燃油量指示。按下 MFD 底部的发动机软键，MFD 显示完整的发动机指示系统页面，如图 3.28 所示。

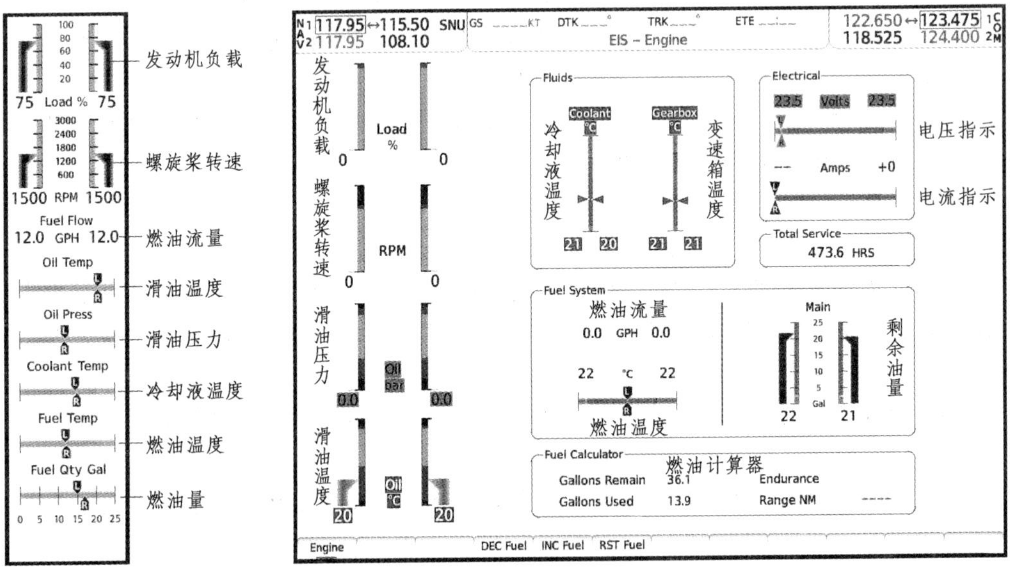

图 3.28　发动机指示页面

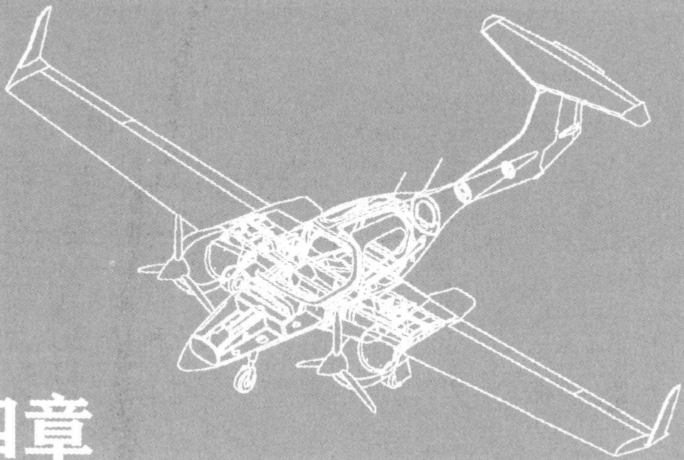

第四章

燃油系统

燃油系统包括油箱、低压油泵以及燃油交输控制，如图 4.1 所示。

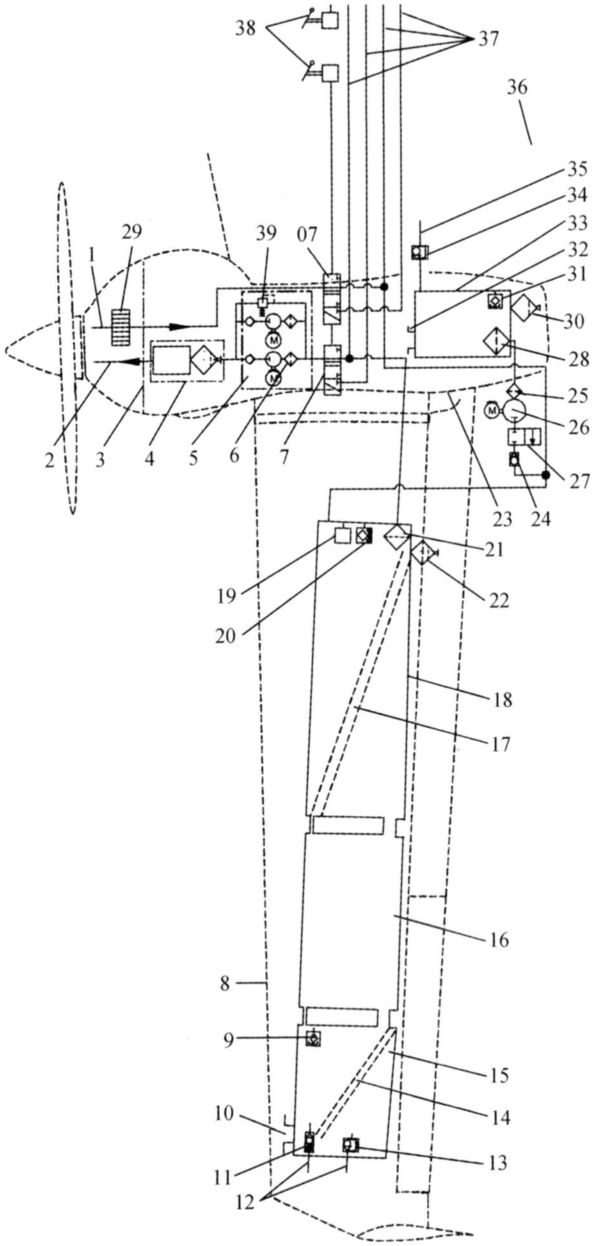

1—回油管路；2—燃油供给；3—防火墙；4—燃油滤；5—低压油泵；6—前置过滤器；7—燃油选择活门；8—机翼；9—燃油液面开关；10—加油口；11—释压活门；12—主油箱通风口；13，34—带毛细管的止回阀；14—外侧油箱油位传感器；15—外侧油箱；16—中间油箱；17—内侧油箱油位传感器；18—内侧油箱；19—油温传感器；20—低油位传感器；21—排水口；22—指状过滤器；23—吊舱；24—止回阀；25—串联过滤器；26—辅助油泵；27—电磁活门；28—指状过滤器；29—燃油冷却器；30—排水口；31—燃油液面开关；32—辅助燃油滤；33—辅助油箱；35—辅助油箱通风口；36—机身；37—交输供油管路；38—燃油选择器；39—燃油旁通活门。

图 4.1　燃油系统

燃油系统大体可分为储油系统、供油系统以及燃油控制系统。

燃油储存在机翼油箱中，在每个发动机短舱内，可以安装 1 个辅助燃油箱。正常情况下，右发动机的燃油来自右翼主油箱，左发动机的燃油来自左翼主油箱。燃油供给过程如图 4.2 所示。2 个电力驱动的低压泵从油箱低处将燃油供往高压油泵。高压泵从 2 个独立的低压燃油泵获得燃油，在共轨内部产生压力，通过高压共轨为喷嘴（每个气缸 1 个）提供燃油，发动机的燃油以高压直接喷射进气缸。根据功率设定，ECU 通过电动计量阀控制轨道压力。未喷射的燃油返回至相应的机翼油箱（高压油泵与喷油嘴均有回油）。燃油系统两侧通过交输管路互相连接。

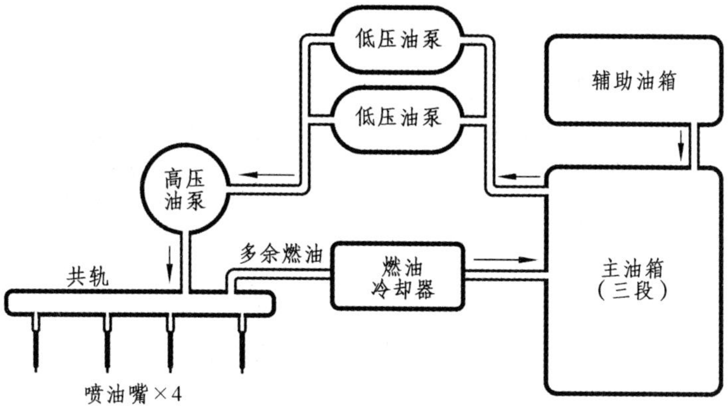

图 4.2 燃油供给过程

第一节 储 油

一、主油箱

DA42NG 型飞机有两套主油箱，左右机翼各一套，总容积为 2×26 U.S.gal（2×98.4 L），其中可用燃油为 2×25 U.S.gal（2×94.6 L）。

油箱安装如图 4.3 所示，DA42NG 型飞机的 2 个油箱组件，1 个在左翼，1 个在右翼。3 个单体油箱由柔性连管连接构成主油箱，位于发动机舱的外侧每个机翼的主翼梁之间。每个油箱都是铝结构焊接而成，横截面呈椭圆形。舱内有挡板防止燃料从油箱的一端快速移动到另一端。

油箱通有两个气口，一个通气口内装带细管的单向活门，另一个通气口内装安全活门（压力阀），在 150 mbar（2 lb/in^2）条件下开启，由于内部压力高于外部，燃油和空气向外流动。带细管的单向活门可让空气进入油箱，但阻止燃油外流。飞行爬升过程中，细管可均衡大气压力。软管两端位于机翼下侧，距离翼尖约 2 m（7 ft）。

燃油出口位于内油箱的内侧端板上。油箱出口处的指状过滤器防止碎片进入发动机燃油系统。在燃油系统每侧的最低点，有一个带排放活门的燃油过滤器。该排放活门可用于清除燃油系统内的水和沉积物。排放活门安装在防火墙后的发动机短舱内，距机翼前缘后方约 15 cm（0.56 ft）。可以用这个排放活门检查燃料是否被污染和排放燃油。

内油箱的内端板上安装有燃油温度传感器、油位传感器、低燃油开关以及燃油回流管。

中间油箱的端板具有连接内油箱与外油箱的柔性连管，没有油量传感器。

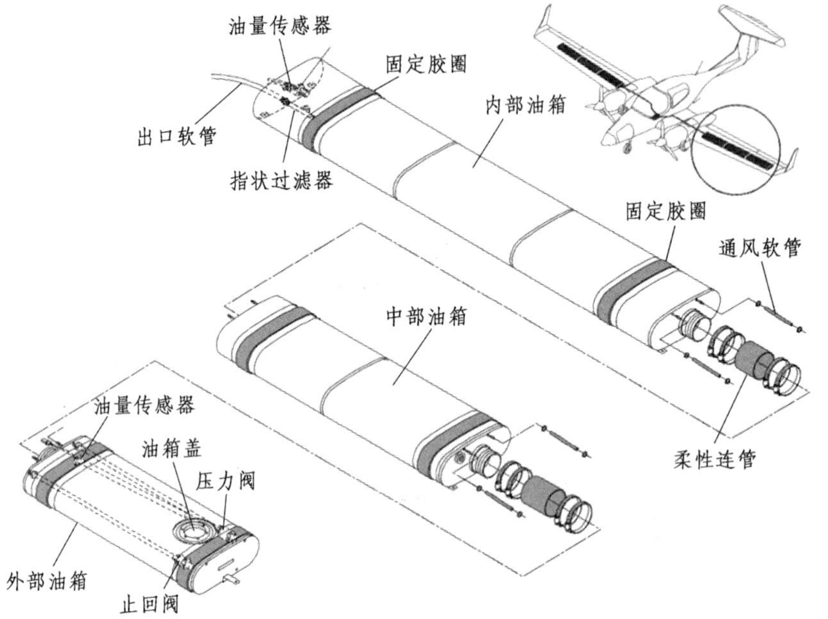

图 4.3　油箱

外油箱的内端板安装有燃油高液位开关，上表面有用于加油的油箱口部件。

燃料液位传感器安装在内油箱和外油箱，传感器从每个舱室的下内侧角到上外侧角。传感器发出的信号显示在综合座舱系统的 MFD 上。

二、辅助油箱

DA42NG 型飞机有 2 个辅助油箱，左右发动机吊舱后部各 1 个，总容积为 2×13.7 U.S.gal（2×52 L），其中可用燃油为 2×13.2 U.S.gal（2×50 L）。

图 4.4 所示为辅助油箱的安装位置。飞机的两个辅助油箱组件（可选设备 OÄM 42-056）由一个单独的腔室组成，位于每个发动机舱的后部。箱体由铝结构焊接而成。油箱内有挡板防止燃料从油箱的一端快速移动到另一端。

油箱出口位于腔体的内侧后角，油箱出口处的指状过滤器防止碎片进入主油箱。放油口位于油箱尾部的下表面，可以在飞行前检查时使用这个排放阀来检查燃料是否被污染和排放辅助油箱。燃料低液位传感器也安装在油箱的后端板上。

油箱的前端板有一个接头，用于连接辅助油箱通气管道。辅助油箱没有燃油量指示系统。

辅助油箱的通气管装有一个带细管的单向活门，它能使空气进入油箱，但阻止燃油外流。飞行爬升过程中，细管可均衡大气压力。燃油排放活门位于每个辅助油箱的后部

两个 AUX PUMP（辅助燃油泵）电门在座舱内，用于启动辅助燃油泵。电门位于中

央控制台上升降舵配平手轮的后方。同时使用两个电门可避免飞机出现横向不平衡。辅助燃油泵可将燃油从辅助油箱输送至相应主油箱。当辅助油箱空了或主油箱满油时，燃油位开关可自动关闭辅助燃油泵。辅助燃油泵运行期间，G1000 上的咨询报警信息提示燃油正在输送中。

如辅助燃油箱输空，G1000 上会出现警戒信息。出现此情况时，必须关闭辅助燃油泵。

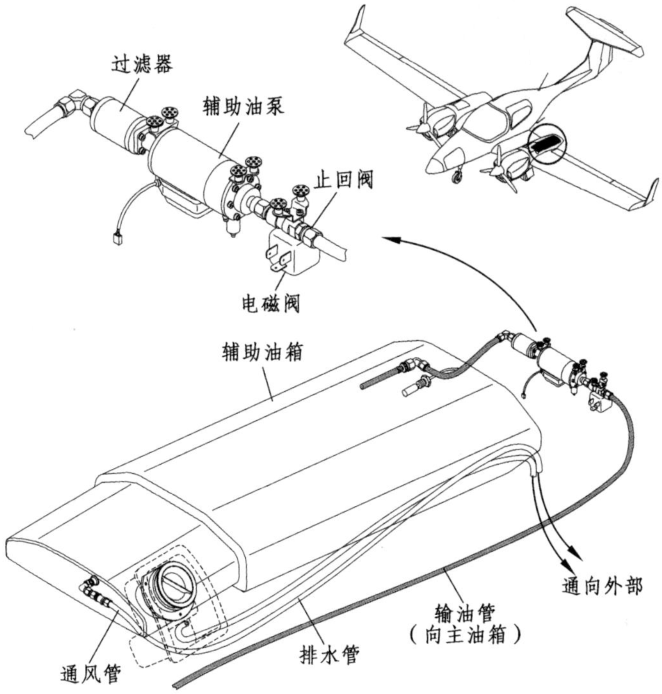

图 4.4　辅助油箱

第二节　供　油

一、低压油泵

在燃油供给管路上有两个并联的低压燃油泵（见图 4.5），其作用是给发动机上的高压燃油泵提供稳定的低压燃油。在发动机正常工作的情况下，这两个低压燃油泵仅有一个泵处于工作状态。低压燃油泵和高压燃油泵之间安装有油滤。当 ECU 感受到燃油压力损失或丢失，ECU 电门会自动切换至另一台燃油泵。着陆或起飞过程中，或遇到燃油压力故障时，两台燃油泵均可通过燃油泵开关强制启动工作。如果两台燃油泵同时启动，燃油压力会上升。

切换 ECU A 和 B 的同时，两台独立的电动燃油泵也同时切换。如遇紧急情况，可通过 FUEL PUMP（燃油泵）电门同时启动两个低压泵。

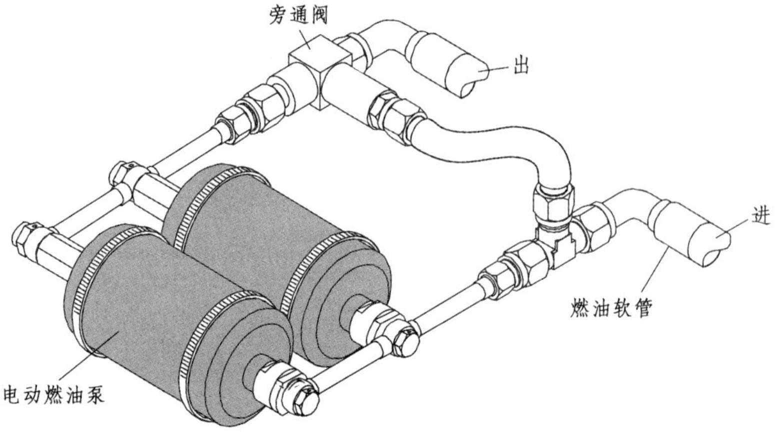

图 4.5　低压燃油泵

二、高压油泵

高压燃油泵是由发动机凸轮轴驱动的径向式三活塞柱塞泵，其优点是控制精度高。高压泵的燃油流入和流出由内置的单向活门控制，如图 4.6 所示。高压燃油泵将低压油泵输送的燃油增压至 24 366 psi*，并将高压燃油输送至共轨，燃油泵利用燃油进行冷却和润滑。

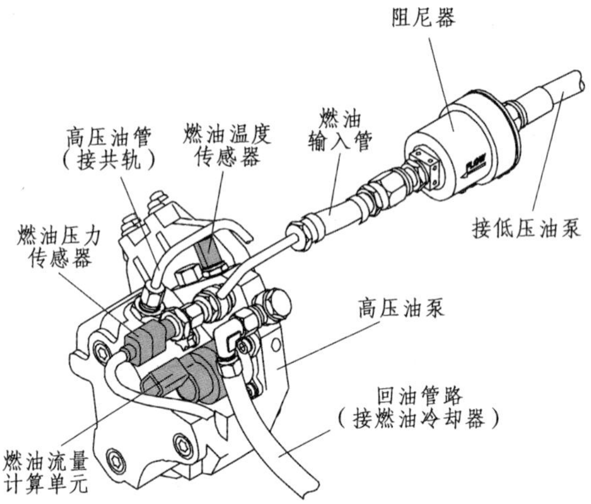

图 4.6　高压燃油泵

高压燃油泵是由凸轮轴驱动的，而凸轮轴的转速又取决于发动机曲轴的转速，因此燃油喷射压力也与发动机转速相匹配，转速越大，燃油喷射压力越大。在发动机转速最大时燃油喷射压力也达到最大值。在高压燃油泵上安装有燃油温度传感器和燃油压力传感器，用来给 ECU 提供信号。

注：1 psi=6.89 kPa。

三、共轨技术

共轨技术是指高压油泵、压力传感器和ECU组成的闭环系统中，将喷射压力的产生和喷射过程彼此完全分开的一种供油方式。由高压油泵把高压燃油输送到公共供油管，通过对公共供油管内的油压精确控制，可以大幅度减小供油压力随发动机转速变化的波动。

共轨指的是所有燃油喷嘴使用的燃油是由一个共同的“高压容器”提供的，如图 4.7 所示。从实质上来讲，它就是一个蓄压器，即把高压燃油储存在里面，供燃油喷嘴使用。

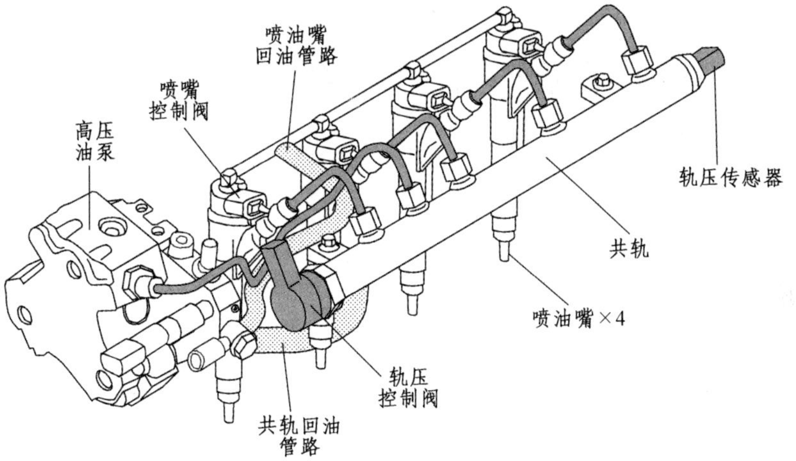

图 4.7　共轨系统

由于在共轨系统上安装有 4 个燃油喷嘴共轨系统，而燃油喷嘴可以控制喷射压力和喷射时间，因此高压泵仅仅需要提供系统的设定压力。

从高压燃油泵出来的高压燃油进入燃油共轨，共轨内的燃油压力由共轨燃油压力传感器测量。ECU 采集压力传感器的测量值，对比系统设定的目标值，并对共轨压力控制活门发出控制指令，从而将共轨内的燃油压力调节至正确值。

共轨内的燃油压力很高，使高压燃油具有良好的蒸发性能和较快的流速，能保证发动机在低转速的情况下燃油良好燃烧。同时，也能缩短燃油喷嘴的喷射时间。

四、喷油嘴

燃油喷嘴为电磁阀作动组件。从共轨出来的高压燃油进入燃油喷嘴内部的储液器（储存燃油），同时也作用在喷嘴内部的柱塞上。当燃油作用在柱塞上的压力等于柱塞下部的弹簧张力时，进油结束，ECU 控制电磁阀的开启，使得柱塞打开，使高压油腔的燃油压力升到某一数值时开始喷油。进油阶段结束时多余的燃油经回油管道流回。

五、回　油

未喷入气缸的燃油会经回油管路流回主油箱，由于燃油经高压油泵加压后温度增高，需对回流燃油进行冷却。

燃油冷却器通过引入外界气流对冷却组件进行热交换，达到冷却燃油的目的，如图

4.8 所示。经冷却后的燃油温度并不会降至原来的温度，所以回流的燃油会对主油箱的燃油进行缓慢加热。

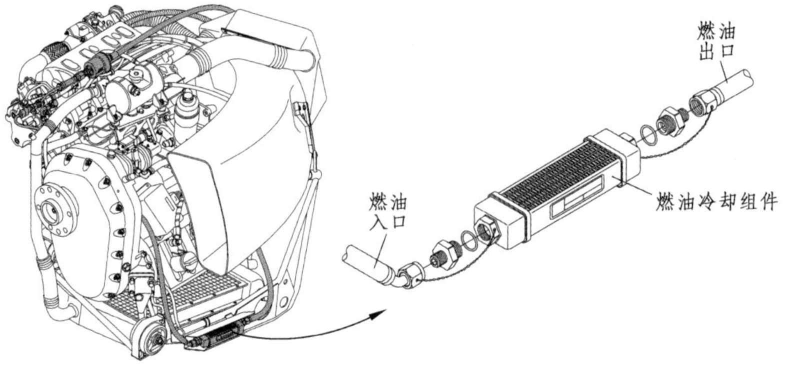

图 4.8 回油冷却

注意：燃油温度高于极限值 60 °C，会导致高压燃油泵工作效率的显著降低，此时应减小受影响发动机的功率，并适当增加空速以加速对回流燃油的散热。

当主油箱内的燃油量低时，回流的燃油会更容易使主油箱的燃油温度上升。如安装了辅助油箱，可通过将辅助油箱（开关在中控台后部）的燃油输送至主油箱来降低燃油温度。

第三节 燃油控制

一、燃油控制原理

正常情况下，飞行员只需通过油门杆控制发动机功率，EECU 会根据选定的功率调整燃油喷射。监控燃油状态的传感器有燃油温度传感器、燃油压力传感器、共轨压力传感器以及燃油流量计算单元。控制燃油的作动器有轨压控制电磁阀以及喷油嘴电磁阀。

EECU 通过轨压传感器测得的共轨中燃油压力并与相应的期望值对比，通过轨压控制阀调整回流燃油量以调整轨压。使高温高压燃油达到理想的雾化与燃烧效果。EECU 通过凸轮传感器测得转速，并通过与相应的期望值对比，控制喷油嘴电子阀在不同转速下的喷油时机与喷油量，以达到最佳的油气比和燃烧效果。

二、燃油手动选择活门

每台发动机配备一个燃油选择活门。控制燃油选择活门的控制杆位于油门杆后方的中央控制台上，如图 4.9 所示，位置包括“ON”（开）、“CROSSFEED”（交输）和“OFF”（断开）。正常运行过程中，发动机从同侧的油箱内获得燃油。操作燃油交输前，检查燃油泵关闭（OFF）。当选择“CROSSFEED”时，发动机将从另一侧燃油油箱获取燃油，目的是在单台发动机工作过程中，延长航程且保持燃油重量平衡。燃油选择活门可切换供给和回流管路。

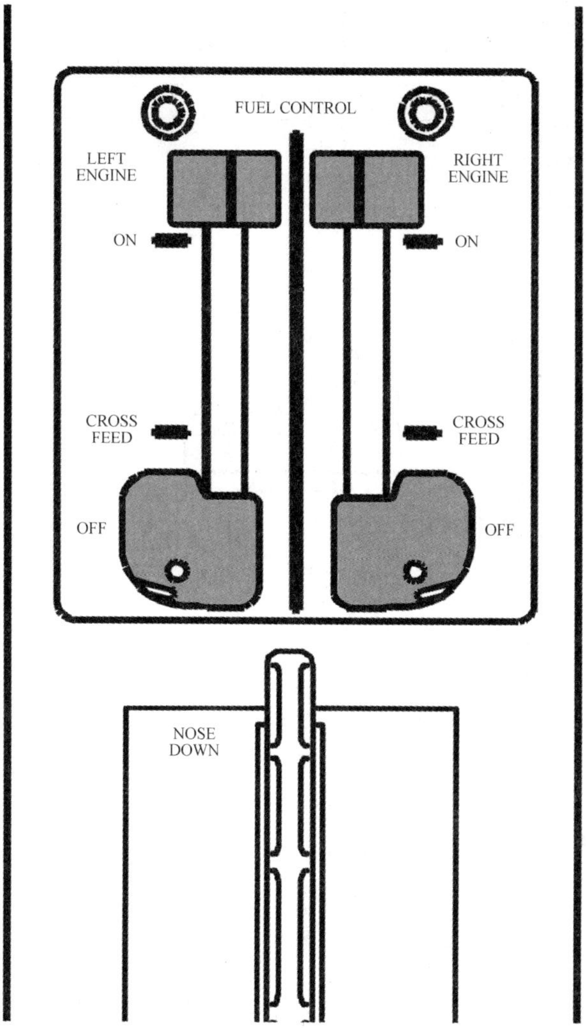

图 4.9 燃油选择活门控制杆

向后拉杆进行选择。必须扭转安全旋钮，才能达到“OFF”位置。目的是确保在操作燃油选择活门时不发生意外达到“OFF”位置。

注意：

（1）如一台发动机不工作，此发动机的燃油选择活门必须处于“OFF”位置。

（2）禁止将两个燃油选择活门都设定在交输位。

（3）起飞时禁止将燃油选择活门设定在交输位。

（4）禁止使用燃油选择活门关闭发动机。否则将损坏高压燃油泵。

图 4.10 系统地展示了燃油选择活门 3 个位置对应的可能操作模式。此处显示的是右发动机的燃油流路（左燃油流路相同）。

左燃油选择活门处于交输位置，右油箱内的燃油被输送至左发动机。根据右燃油选择活门的位置，右燃油箱为两台发动机输油，如图 4.10（d）所示；或当右发动机的燃油选择活门处于关闭位置，如图 4.10（e）所示，只输送给左发动机。

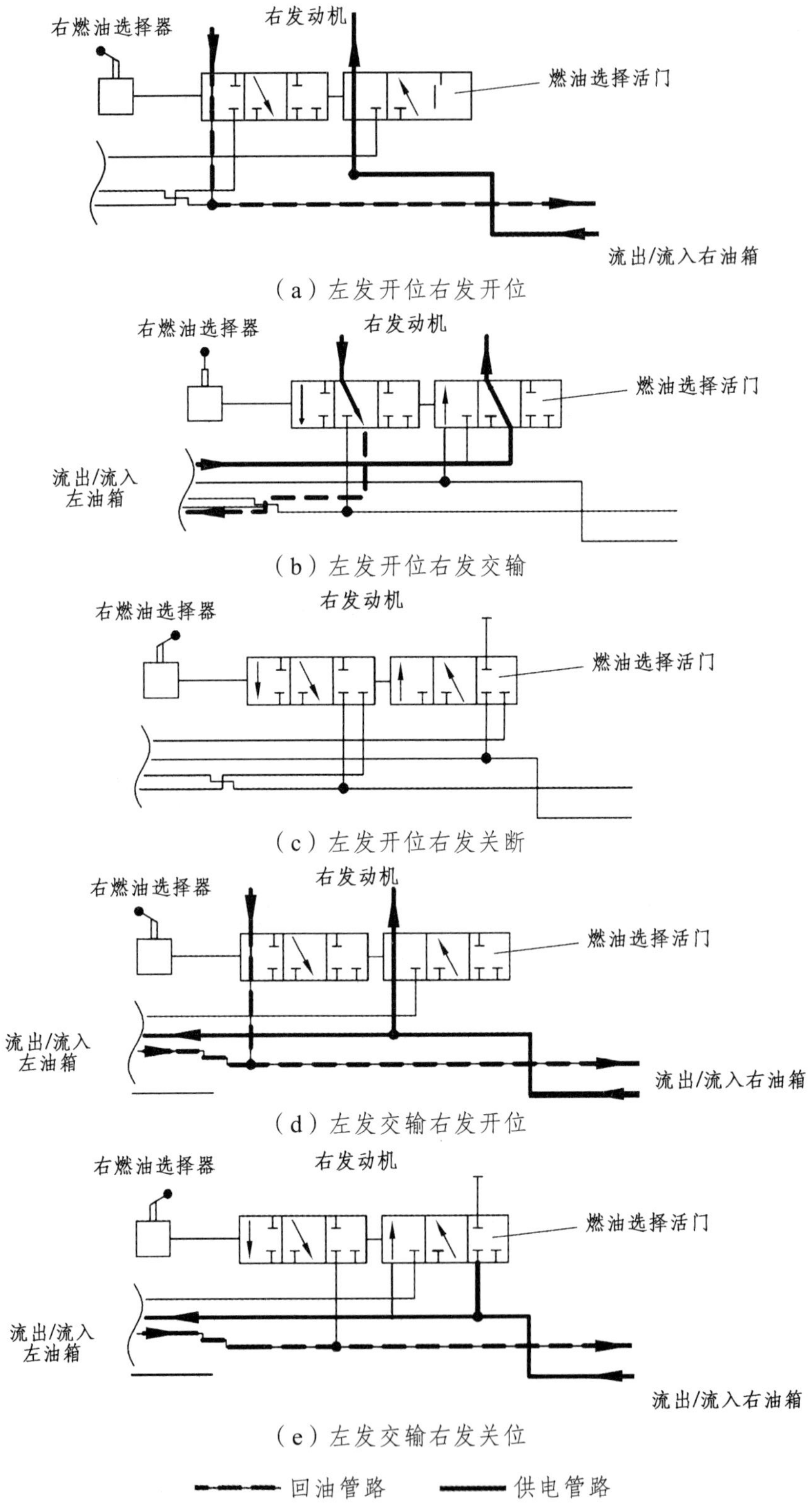

图 4.10　燃油选择活门位置原理

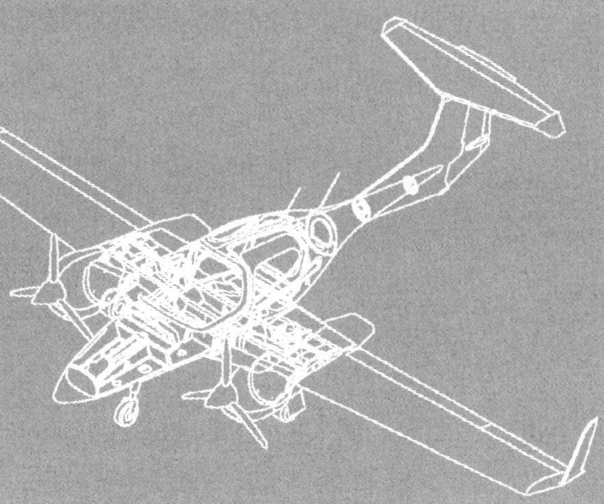

第五章

起落架系统

DA42NG 型飞机的起落架为可全收放、液压驱动的前三点式起落架。起落架支柱是油气混合式组件，电动增压泵为起落架的收放提供液压压力。起落架系统由液压泵组件、液压管线、主起落架、前起落架、刹车及控制装置组成，如图 5.1 所示。

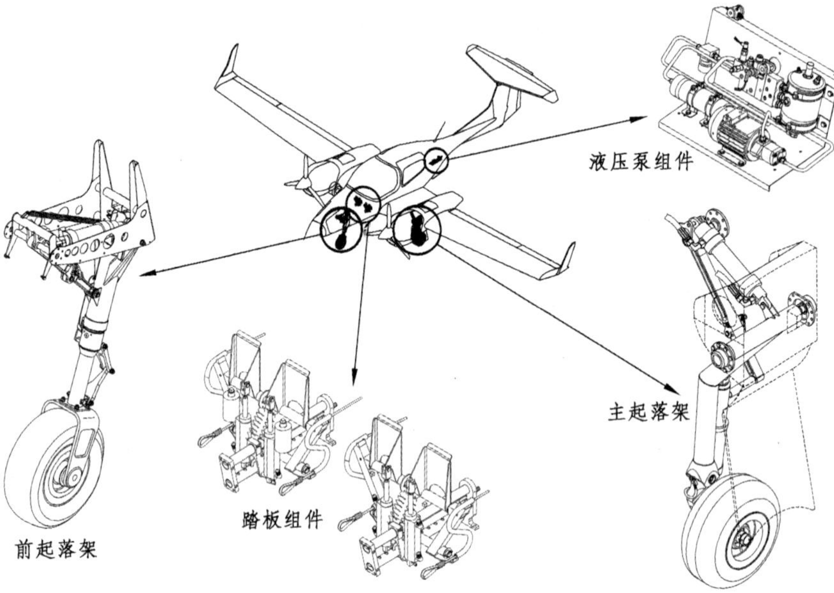

图 5.1　起落架系统

左侧主起落架支柱与机身左侧的中翼相连接，右侧主起落架支柱与机身右侧中翼相连接，前起落架支柱与机身前部隔框相连接。每个起落架都有碳纤维复合材料的舱门，舱门的作用是在飞行中将收起的起落架封严在起落架舱内。

前起落架的转向机构与双摇臂组件（轭架）相连，飞行员可以通过方向舵脚蹬操纵飞机转向。当飞行员向前蹬左侧方向舵脚蹬时，前起落架支柱向左转飞机也向左转，反之亦然。

每个主起落架有一个单主轮和一个液压式刹车盘，在方向舵脚蹬的脚尖脚蹬可以操作刹车。中控台安装有停留刹车手柄，在需要时可操控液压活门将刹车压力封存在刹车钳中。

第一节　液压系统

一、液压泵组件

起落架液压主单元包含产生 DA42NG 型飞机液压动力所必需的所有部件。它由液压泵、液压油箱、液压主控制块和液压蓄能器组成，如图 5.2 所示。它们安装在机身后部支架上，靠近后行李舱。

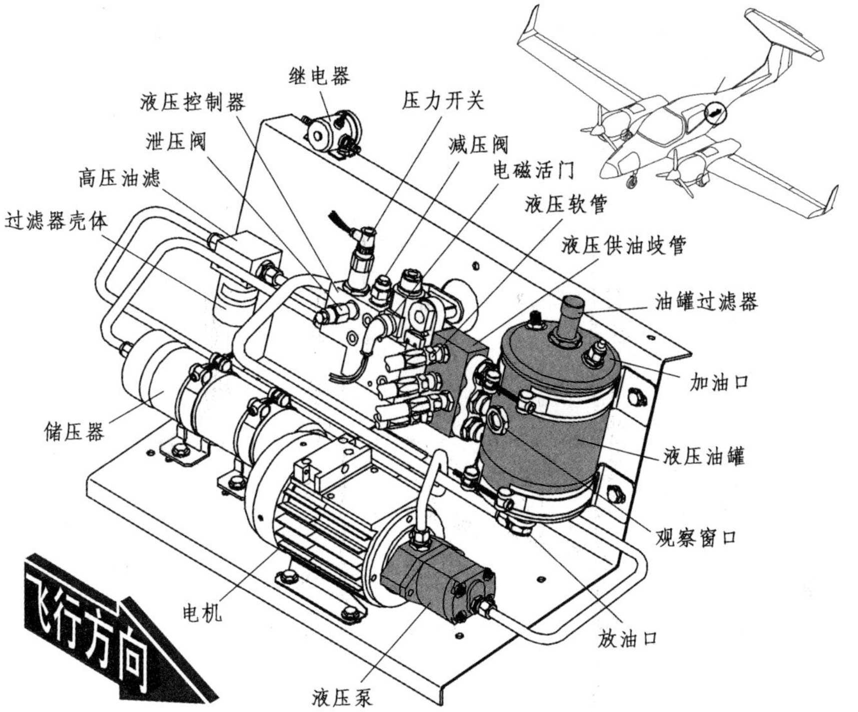

图 5.2　液压主单元

电力驱动的液压泵，在起落架收放时为动作筒提供液压动力以完成收放动作。如果液压系统故障，飞行员可以将起落架手柄置于“放下（DOWN）”位置实现应急放起落架。起落架靠自身重力和弹簧作用实现放下。

只要左主汇流条有电，继电器就会为液压泵电机提供电源，液压泵就会工作使系统建立压力。压力开关用于保持系统的压力在 1 400～1 650 psi（96.5～113.8 bar），系统压力低于 1 400 psi 时接通，高于 1 650 psi 时断开。

储压器起到蓄压的作用，通过补充动作筒正常渗漏所引起的压力损耗，保持系统压力恒定，这样避免飞行中液压泵随时保持在启动状态。

二、液压管路

液压管路穿过行李舱框、驾驶舱壁以及翼肋，将液压泵和 3 个起落架的收放动作筒并联起来，如图 5.3 所示。管路与结构件之间保证了足够的间隙以防止管路磨损造成液压管破裂或者渗漏。

根据起落架收放手柄的指令，液压供油歧管将高压液压油通过管理分配至不同方向的液压软管，并使各自连接的液压动作筒完成起落架收放动作。同时也将液压软管回流的液压油输送至液压油罐。

如果飞机电气系统失效液压泵不工作时，液压供油歧管的两个电磁阀会全部打开以释放液压管路中的油压，起落架可依靠自身重力和弹簧辅助完成放下动作。此时，起落架在放下位无法完成液压锁定，只能通过机械锁定，并且起落架无法再次收起。

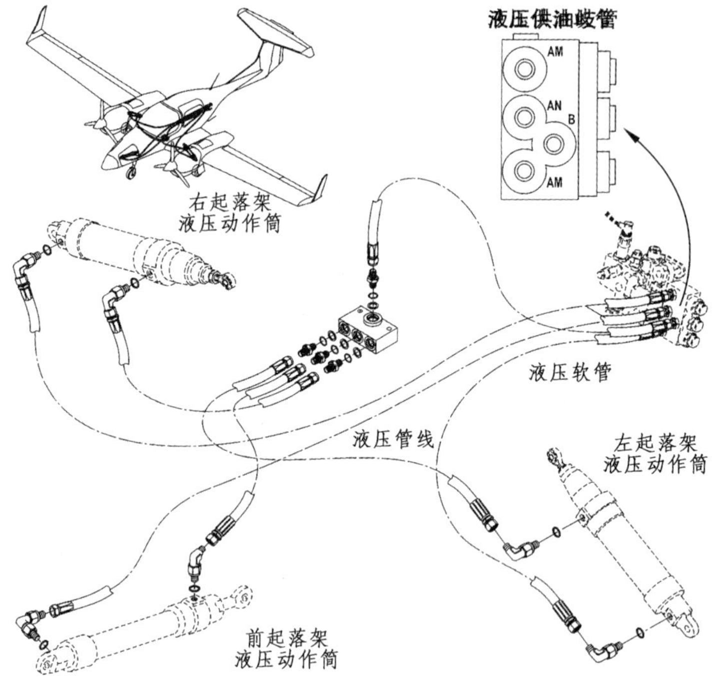

图 5.3　液压管路

注意：在做航前准备时，需仔细检查起落架液压管路与动作筒连接部分，确保可见的管路无松动和液压油渗漏。

三、液压工作原理

本小节用示意图展示液压油路的工作原理（实际管路比此复杂很多）。

（一）收起起落架

起落架收上过程中，液压泵产生的液压油接通作动筒两端（见图 5.4），因作动筒两端截面积不同而导致压强不同，使作动筒向外延长。在完全收上后，放下端的液压油回流至液压油箱。

收上动作完成后，储压器能辅助维持管路中的压力，避免液压泵因补充压力而频繁启动。

（二）起落架放下

放下起落架时，接通液压泵到动作筒活塞外端（放下端）的油路，高压油使动作筒向内收缩，如图 5.5 所示。同时，动筒活塞内端（收上端）的液压油回流至存储罐。

放下动作完成后，储压器能辅助维持管路中的压力，避免液压泵因补充压力而频繁启动。

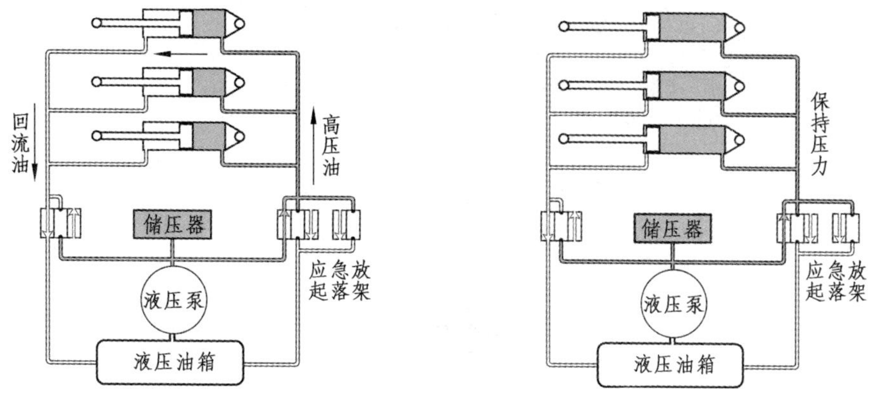

（a）起落架收上中　　（b）起落架收上位

图 5.4　起落架收起

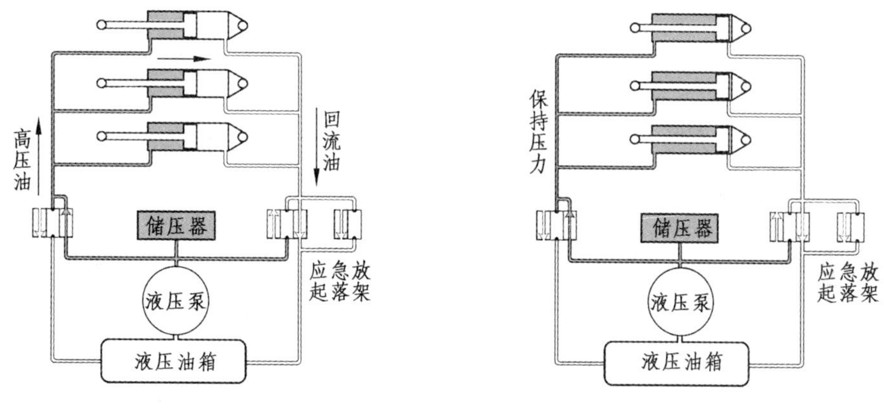

（a）起落架放下中　　（b）起落架放下位

图 5.5　起落架放下

（三）应急放起落架

应急放起落架时，应急放下手柄打开旁通活门使收上位的液压油回流至储油罐（见图 5.6），起落架在重力和张力弹簧的作用下自然放下。应急放下手柄拉出后液压泵停止工作。

注意：拉出起落架应急放下手柄前，应将起落架收放手柄置于“DOWN”位。

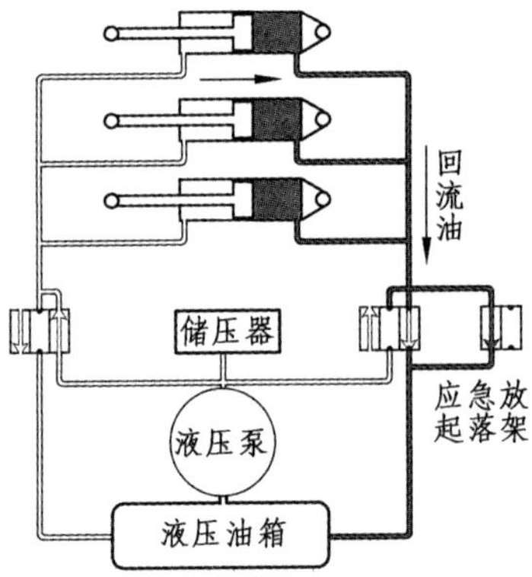

图 5.6　应急放起落架

第二节　主起落架

一、结　构

主起落架主要由主起落架支柱、减振支柱、液压动作筒、收放撑杆、机轮以及刹车组件构成，如图 5.7 所示。起落架围绕起落架支柱上端的枢轴轴承转动实现收放。

（一）支　柱

主起落架的承载部件由主起落架支柱、减振支柱和拖臂共同组成，如图 5.8 所示。主起落架支柱是管状钢制支柱。拖臂连接到支柱的底部，机轮组件的轴连接到拖臂上，在管状钢支柱的后面有一个油气式减振支柱也与拖臂相连接以吸收着陆载荷。

飞机接地时对地面压强增大使拖臂向后弯折的角度增大，减振支柱随之收缩以吸收撞击能量。反之飞机起飞离地后减振支柱伸长使拖臂弯折角度减小。

一个微动电门（空地电门）安装在起落架支柱与拖臂的关节处，拖臂的弯折改变空地电门的开关状态以实现对飞机离地状态的判断。

（二）起落架收放撑杆

起落架收放撑杆由上臂和下臂两段连接而成，上端和收放撑杆支架上由轴承连接，支架固定在起落架舱壁上，下端由轴承连接在起落架支柱上，如图 5.9 所示。收放撑杆的上下部分在关节处可折叠和打开。

撑杆折叠时，驱动板先带动安全锁操纵杆使安全锁锁钩抬起解锁，然后撑杆在驱动板的作用下向上折叠。

撑杆打直时，驱动板向下推动安全锁操纵杆，使安全锁扣住锁定机构并触碰微动电门。

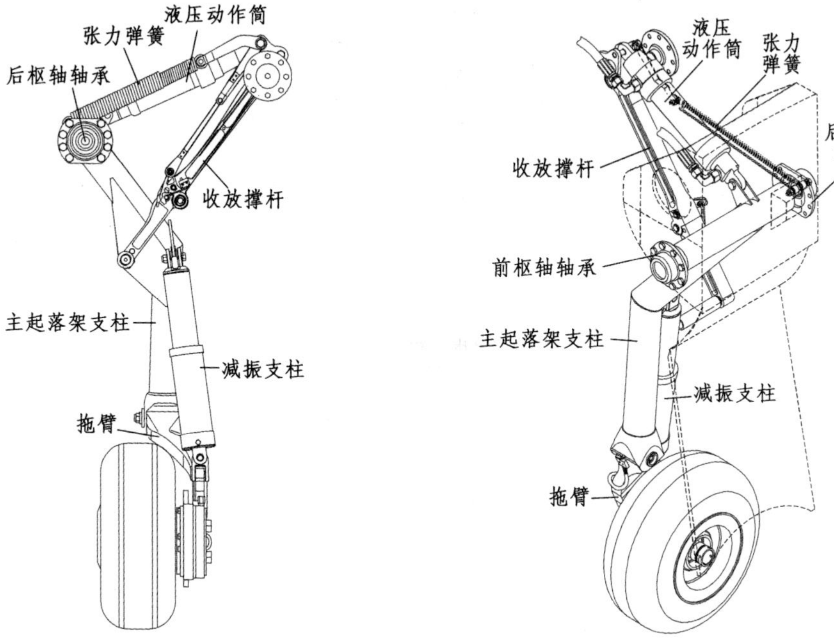

（a）左主起落架后视图　　（b）左主起落架侧视图

图 5.7　主起落架

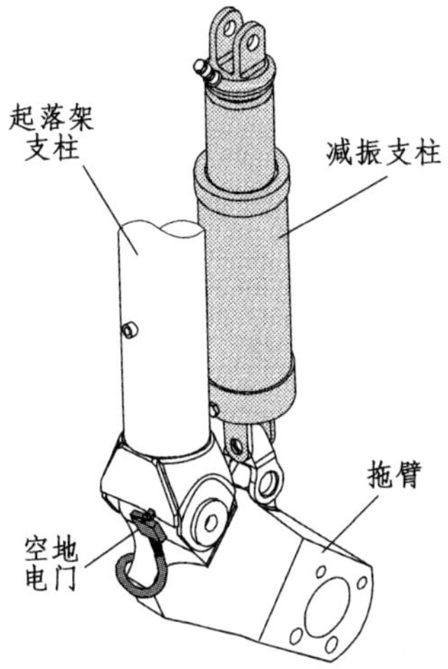

图 5.8　主起落架承载部件

（三）液压动作筒

液压动作筒上端连接驱动板，用于对收放撑杆的操纵，下端通过连接件连接在枢轴上，如图 5.10 所示。

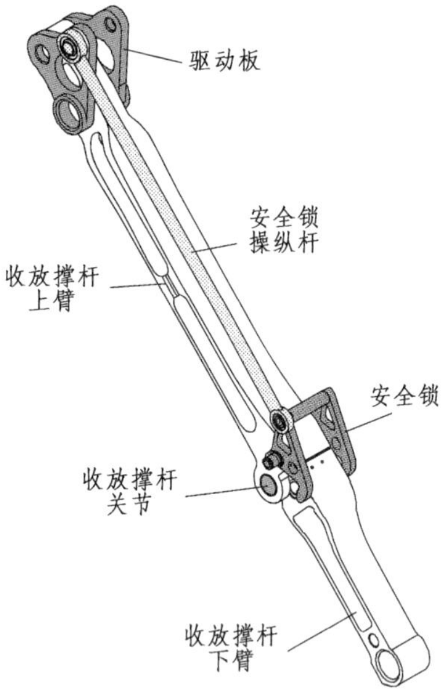

图 5.9　主起落架收放撑杆

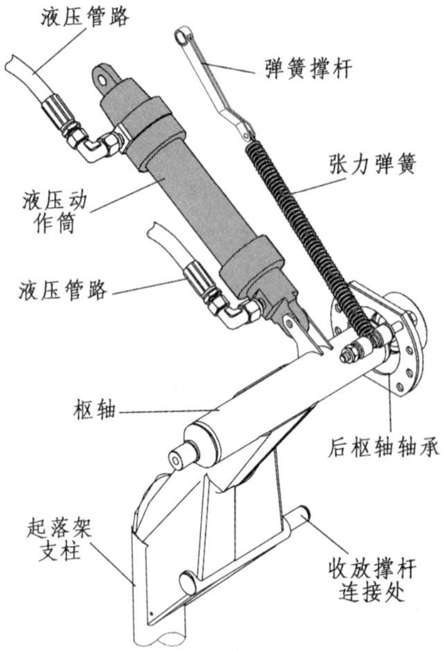

图 5.10　液压作动筒

收起落架时动作筒伸长使枢轴带动支柱和机轮收回机腹。液压管路中的油压维持在动作筒伸长的状态以达到液压锁定。

放下起落架时液压油反向流动使液压作动筒收缩，枢轴的转动带动支柱和机轮从机腹放出。即使没有使动作筒收缩的液压油加压，只需释放收上位液压锁定，起落架也可以依靠自身的重力实现放下。

（四）起落架舱门

主起落架舱门为半封闭式，收上后除机轮外其余部分都可遮盖，如图 5.11 所示。舱门通过连杆连接在起落架支柱上，跟随起落架的收放由支柱带动一起闭合。

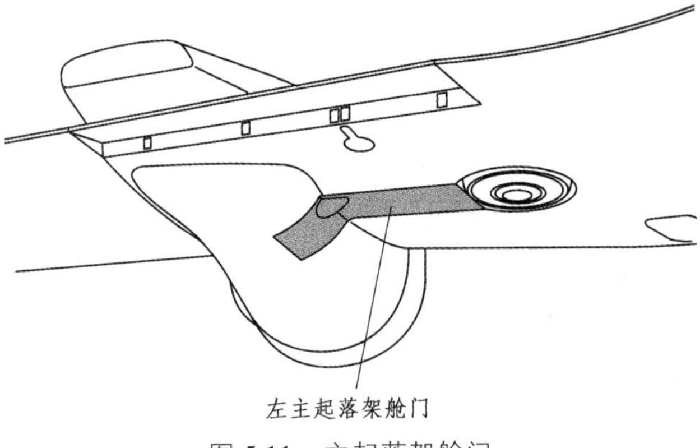

图 5.11　主起落架舱门

二、收　放

操作起落架手柄可激活液压泵组件内的电磁活门，为起落架提供收放过程中所需的液压压力。收上位电磁活门通电时，接通液压泵到作动筒活塞收上侧的油路，断电时接通作动筒活塞收上侧到液压油存储罐的油路；放下电磁活门通电时，接通作动筒活塞放下侧到液压油存储罐的油路，断电时接通液压泵到作动筒活塞放下侧的油路。

主起落架收放动作如图 5.12 所示。

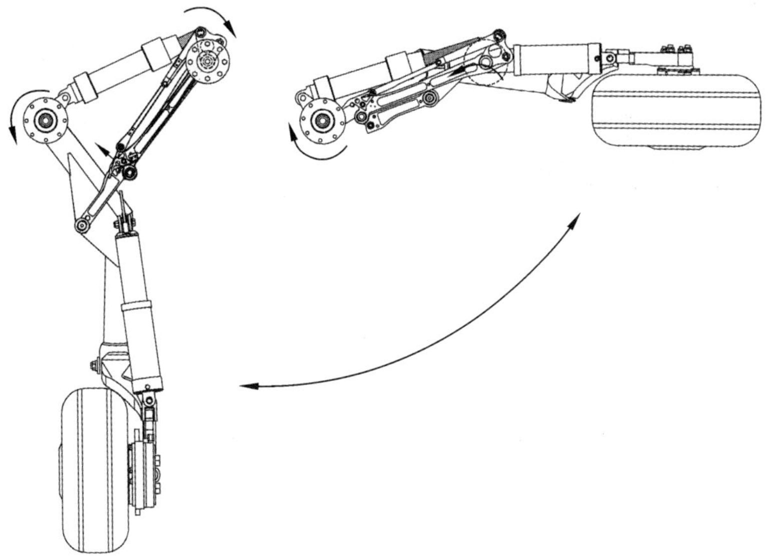

图 5.12　主起落架收放动作

收上起落架时液压作动筒伸长，动作筒上端推动驱动板转动，驱动板带动安全锁操纵杆为收放撑杆解锁，同时驱动板继续转动使收放撑杆向上弯折。动作筒下端推动枢轴轴承旋转，随着收放撑杆的弯折起落架支柱和机轮也收回起落架舱内。

放下起落架时收上液压锁定解除，液压动作筒收缩，起落架支柱和机轮落下，收放撑杆被拉直后机械锁定机构固定上锁，辅助弹簧的拉力使锁钩紧扣。液压作动筒的收缩力可保持起落架在放下锁定位置。

起落架发生故障时，操作位于中央控制台左侧，仪表板下方的起落架应急放下手柄，解除液压压力，即可放下并锁住起落架。拉动该手柄将解除液压压力，让起落架自由下落。拉动起落架应急放下手柄前，应将起落架手柄置于“DOWN”位置。

注意：当因液压泵故障而使用应急放起落架时，放下的起落架只有机械锁定，而没有液压锁定。飞行员落地时仍需要警戒着陆。

三、制　动

每个主起落架上都装有刹车装置，由制动泵和刹车钳两部分组成，如图 5.13 所示。刹车制动泵安装在脚蹬组件中，通过脚尖踩压刹车脚蹬向管路提供刹车压力。右座脚蹬的刹车制动泵上装有刹车油罐，为液压管路补充液压油；刹车钳安装在拖臂的扭力板上，连接液压管路的末端。刹车钳内两个活塞推动刹车片与刹车盘摩擦使机轮减速。

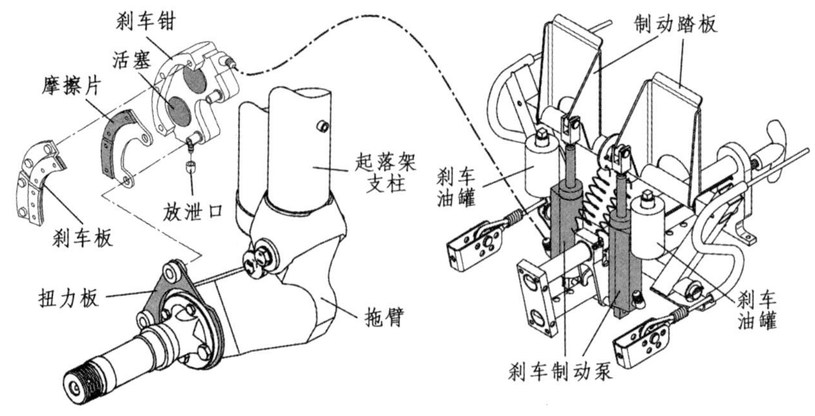

图 5.13　刹车装置

图 5.14 所示为刹车系统管路，左右座脚蹬的左制动泵串联，负责左主轮制动。左右座脚蹬的右制动泵串联负责右主轮制动。

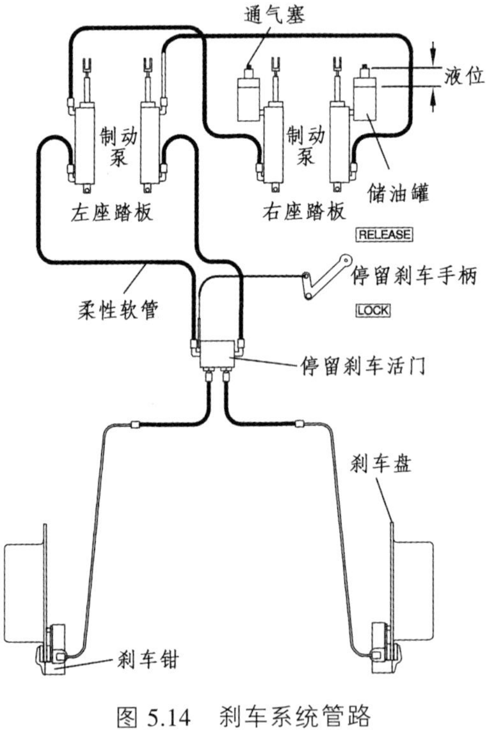

图 5.14　刹车系统管路

如果飞行员踩下脚尖刹车脚蹬时，液压油从刹车主油缸流向盘式刹车活塞筒以实现刹车。如果飞行员在踩脚尖刹车脚蹬的同时设置停留刹车，停留刹车活门将刹车压力封存在刹车钳中。

注意：要使用停留刹车，需要对刹车脚蹬施加压力的同时下拉停留刹车手柄。

第三节　前起落架

前起落架支柱安装在机身前隔框，在空中向前收入行李舱底部隔框。相比主起落架，前起落架结构较为复杂，增加了转弯机构和回中机构。前起落架的两扇舱门收上时可将起落架舱完全遮盖（主起落架只有一扇舱门且轮胎会露出），所以舱门部件也较主起落架复杂。

前起落架钢制支柱装有一个整体式可伸缩式的减振器吸收着陆载荷，支柱安装有一个单前机轮。飞行员通过方向舵脚蹬来控制前轮转向，在起落架支柱上有两个止动块以限制前轮转向极限位置。

一、结　构

前起落架的结构和收放原理与主起落架一致，也是通过液压作动筒的伸长和收缩实现起落架的收放。其主要组成部件有前起落架安装架、液压作动筒、前起落架支柱套筒、液压减振支柱、机轮、转弯机构、回中机构，如图 5.15 所示。

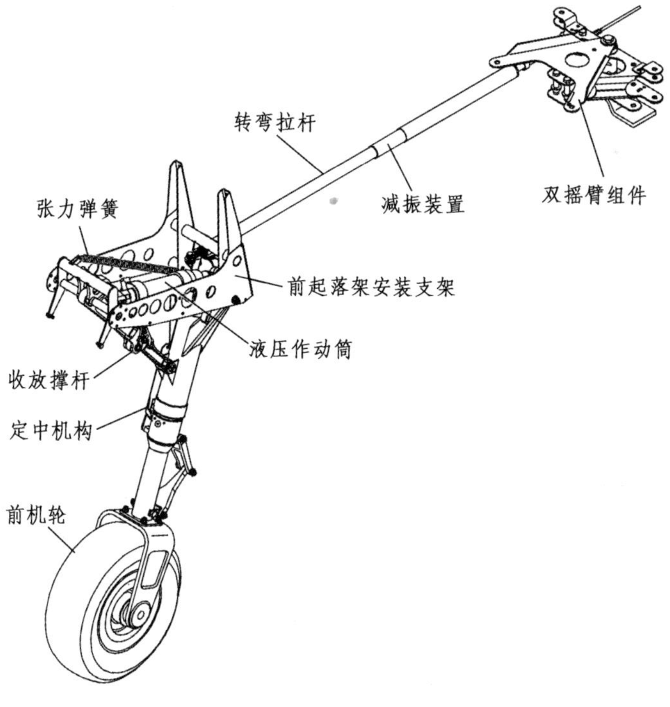

图 5.15　前起落架结构

（一）支　柱

前起落架支柱主要由钢制的支柱壳体和减振支柱两部分组成如图 5.16 所示。

钢制壳体是内部中空的圆筒，是前起落架的主要承载部件。外部连接有液压动作筒、张力弹簧、以及收放撑杆。以旋转座为轴心收上和放下，收放原理与主起落架一致。

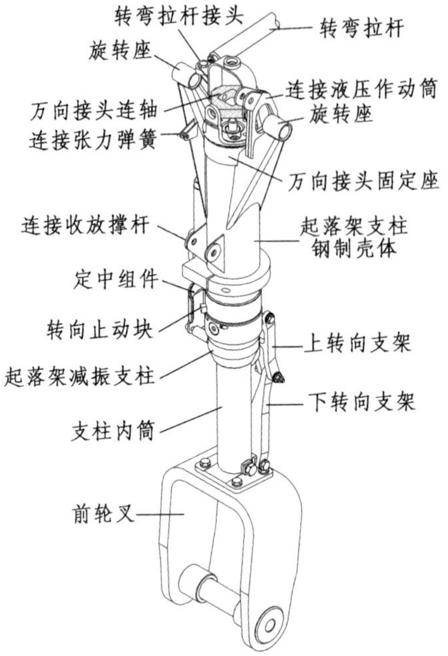

图 5.16　前起落架支柱

油气式减振支柱可吸收着陆载荷，减振支柱上半部分在起落架支柱壳体内，可左右转动以使前轮转向，最大转向角可达 30°（不用刹车）和 52°（单轮刹停）。上下转向支架构成防扭臂用于限制和固定支柱内筒。

（二）转弯机构

转弯机构的拉杆后端连接在双摇臂组件上，抵舵时方向舵钢索带动双摇臂组件偏转（参考操纵系统），拉杆也随之前后运动如图 5.17 所示。

拉杆前端通过万向接头连轴连接在减振支柱的顶端，拉杆的前后运动带动减振支柱在支柱壳体内转动，实现前轮偏转。

万向接头连轴可随着收放起落架调整角度，确保不会损坏转弯机构。

（三）回中机构

回中机构由两部分组成：安装在支柱壳体上的带滚轮的弹簧组件和安装在减振支柱上的凹形滑动板，如图 5.18 所示。

滚轮在弹簧的作用下压向滑动板，前轮转动时滚轮在滑动板上滑动。当滚轮随着前轮转动离开滑动板中间最凹处时，弹簧的压力会迫使滑动板带动减振支柱向回正方向运动。

两个止动块限制了前轮的左右转弯角度。

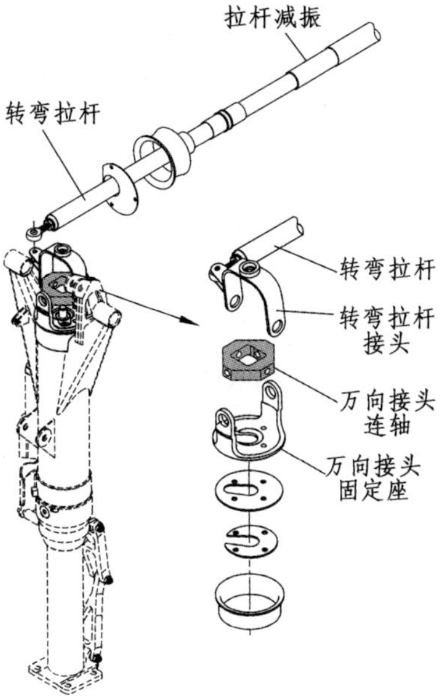

图 5.17　转弯机构

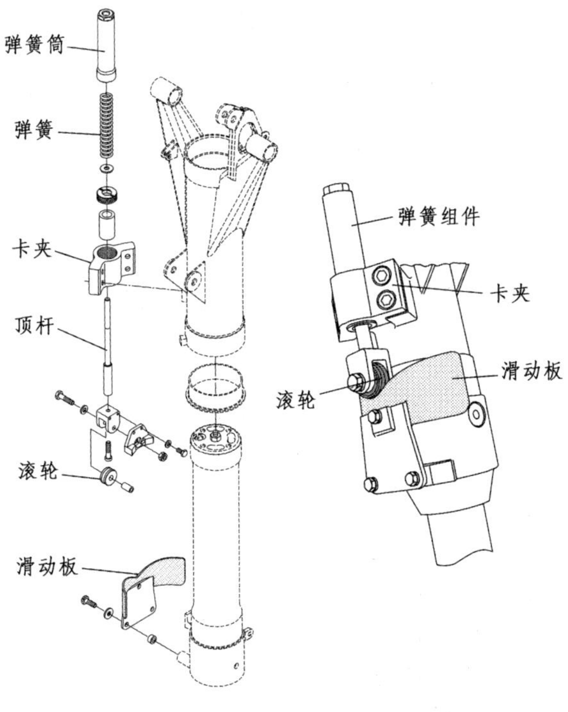

图 5.18　回中机构

二、收 放

前起落架收放原理与主起落架一致，收放的同时两扇舱门通过拉杆控制开合，如图 5.19 所示。

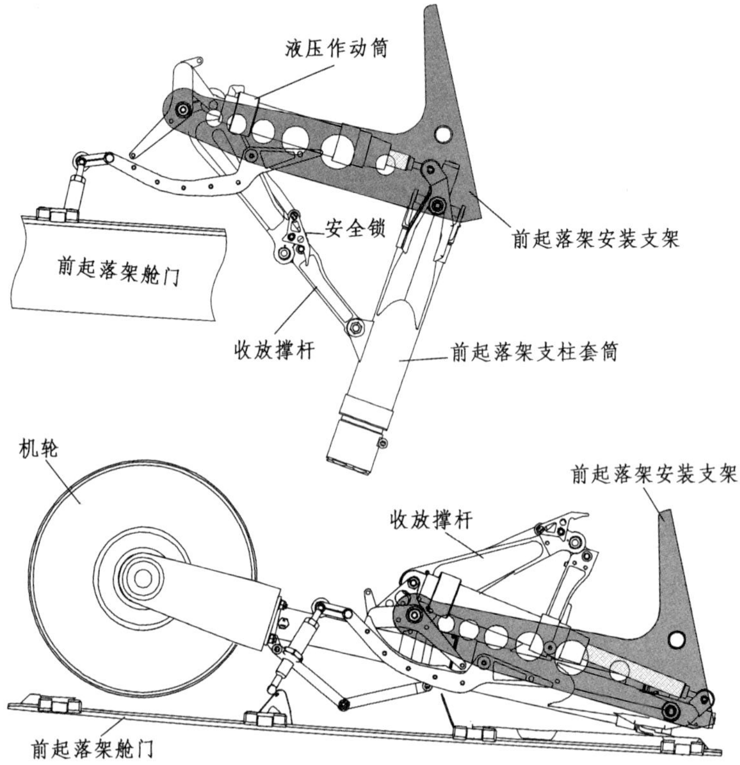

图 5.19 前起落架收

第四节 起落架控制

起落架控制部件包括起落架选择手柄、起落架位置电门、油门杆位置电门、左支柱电门（空地电门）、前起落架差动开关、液压泵电磁活门。

一、起落架控制面板

起落架手柄位于仪表板中央位置。手柄旁边是 3 个绿色指示灯和 1 个红色指示灯（每个起落架都有 1 个相对应的绿色指示灯），以及 1 个按压式测试开关，如图 5.20 所示。按压测试开关，红色和绿色的指示灯均亮，同时起落架音频警告喇叭也将发出音响警告。

操作起落架手柄置于“UP”（收上位）或“DOWN”（放下位）之前，需要先拉出手柄解除挡位锁。

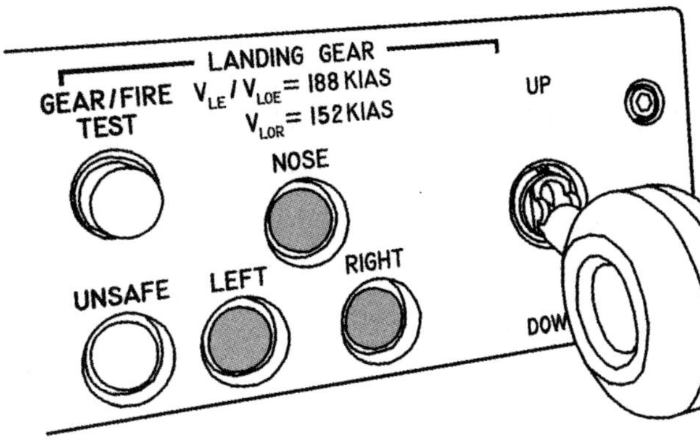

图 5.20 起落架控制面板

在起落架收上或放下运动过程中，红色的不安全指示灯会点亮，绿色的指示灯熄灭。如果所有起落架都已放下并锁定则绿色指示灯将点亮，红色指示灯熄灭；如果所有起落架都完全收上红色指示灯熄灭，绿色指示灯不会亮。

当手柄设置为“UP”时，如果一个或多个起落架没有完全收上，红色指示灯将保持亮；当手柄设置为“DOWN”时，如果一个或多个起落架没有完全放下锁定，红色指示灯将保持亮，相对应起落架绿色指示灯也不亮

注意：应严格按照起落架收放限制速度来操纵起落架。

二、起落架电门

起落架电门如图 5.21 所示，主要包括位置电门、差动电门和空地电门。

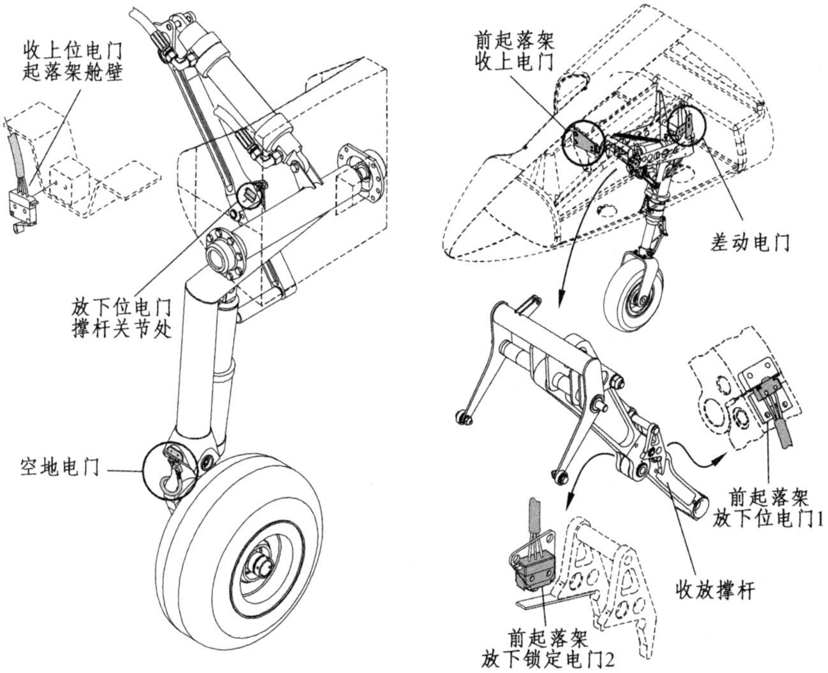

图 5.21 起落架电门

（1）位置电门：为起落架信号指示灯发送起落架放下收上位置信号，只有相应位置锁定完成后电门才会被触发。

① 主起落架放下位电门在收放撑杆关节处。

② 主起落架收上位电门在起落架舱壁。

③ 前起落架放下位电门在收放撑杆侧面和背面各有一个。

④ 前起落架收上位电门安装在起落架舱壁靠前顶部。

（2）差动电门：为液压系统提供逻辑信号，位于前起落架舱后舱壁。

（3）空地电门：为避免在地面意外收上起落架，飞机配备电动支柱安全电门，防止在主电门接通且起落架手柄在“UP”位置时液压活门接通。在左起落架拖臂关节处（右起落架相应位置也有一个空地电门是为失速警告开关加温、ECU 测试和发动机预热提供信号的）。

三、油门杆电门

起落架不安全警告电门在油门杆处中控台侧壁，每个油门杆可以触动的电门有 2 个，其中上面的电门是开关可变升降舵限动的，下面的电门为起落架不安全警告电门，如图 5.22 所示。

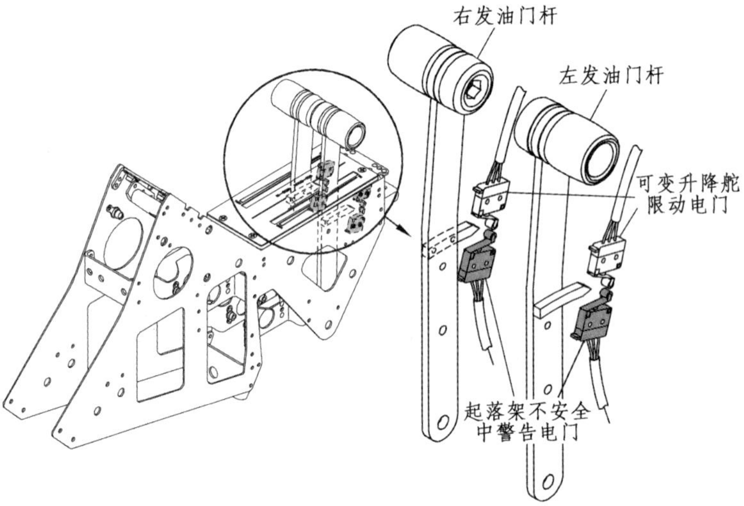

图 5.22　油门杆电门

起落架收上时，如果一个油门杆在大约 20%的位置以下，警告声会响起，提醒飞行员起落架在收上位置。同时，PFD 上显示“CHECK GEAR”警戒信息。如起落架收上时，襟翼收放至 LDG 位（完全放下），也会出现相同的警告。

可按压“GEAR WARNING MUTE”按钮取消报警。如果某个油门杆位置在 20%±5%或以上，起落架音频报警将重置恢复正常操作。如果某个油门杆位置再次在 20%±5%或以下，起落架音频警报将再次响起。

四、液压泵电磁活门

电磁活门在液压泵组件中。

收上电磁活门：通电时，接通液压泵到作动筒活塞收上侧的油路；断电时，接通作动筒活塞收上侧到液压油存储罐的油路。

放下电磁活门：通电时，接通作动筒活塞放下侧到液压油存储罐的油路；断电时，接通液压泵到作动筒活塞放下侧的油路。

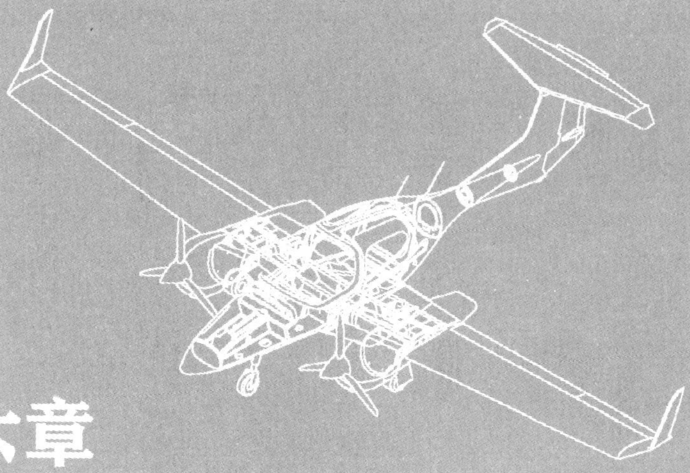

第六章

供电系统

DA42NG 型飞机配备有 28 V 直流电系统，如图 6.1 和图 6.2 所示。

（1）两台发电机分别安装在左右发动机的左下底部，为飞机提供 28 V 最大 70 A 的直流电，由发动机平行传动皮带驱动。

（2）主蓄电池电源为一个 24 V/13.6 A·h 的铅酸蓄电池内，放置在前行李舱的右后方。

（3）左 ECU 备用电源由两个 12 V/7.2 A·h 的密封铅酸电池串联，安装在乘客座椅下方。

（4）右 ECU 备用电源由两个 12 V/7.2 A·h 的密封铅酸电池串联，安装在垂直安定面的下垂尾内。

（5）应急电源包安装在仪表板背后，由干电池组成，独立于飞机的供电系统。

（6）继电器板靠近主电瓶安装在前行李舱中后部，为发电机、蓄电池、起动机等接通或断开线路。

（7）外接电源插口在机头下部，可通过外部电力为飞机提供 28 V 直流电。

第一节　发电机

一、发　电

两台交流发电机经调压器后为飞机提供 28 V 最大 70 A 的直流电，发电机安装在每台发动机左下（底）部，由平型传动带驱动，自动张力调节器使皮带保持正确的张力，如图 6.3 所示。

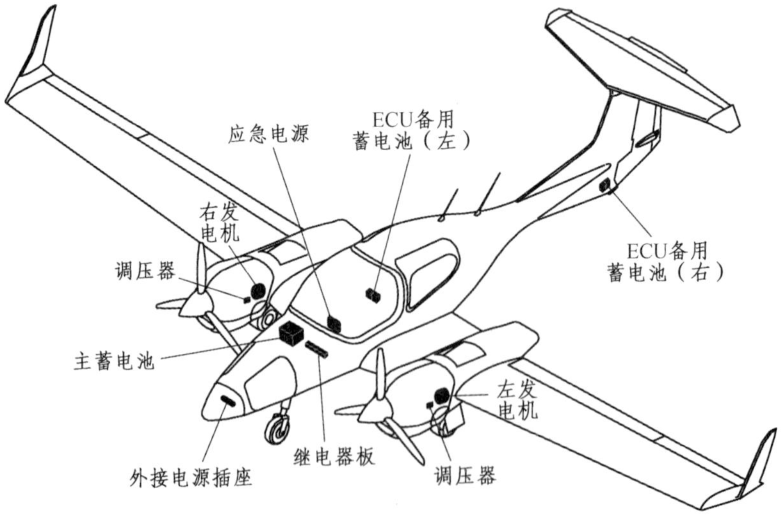

图 6.1　供电系统组成

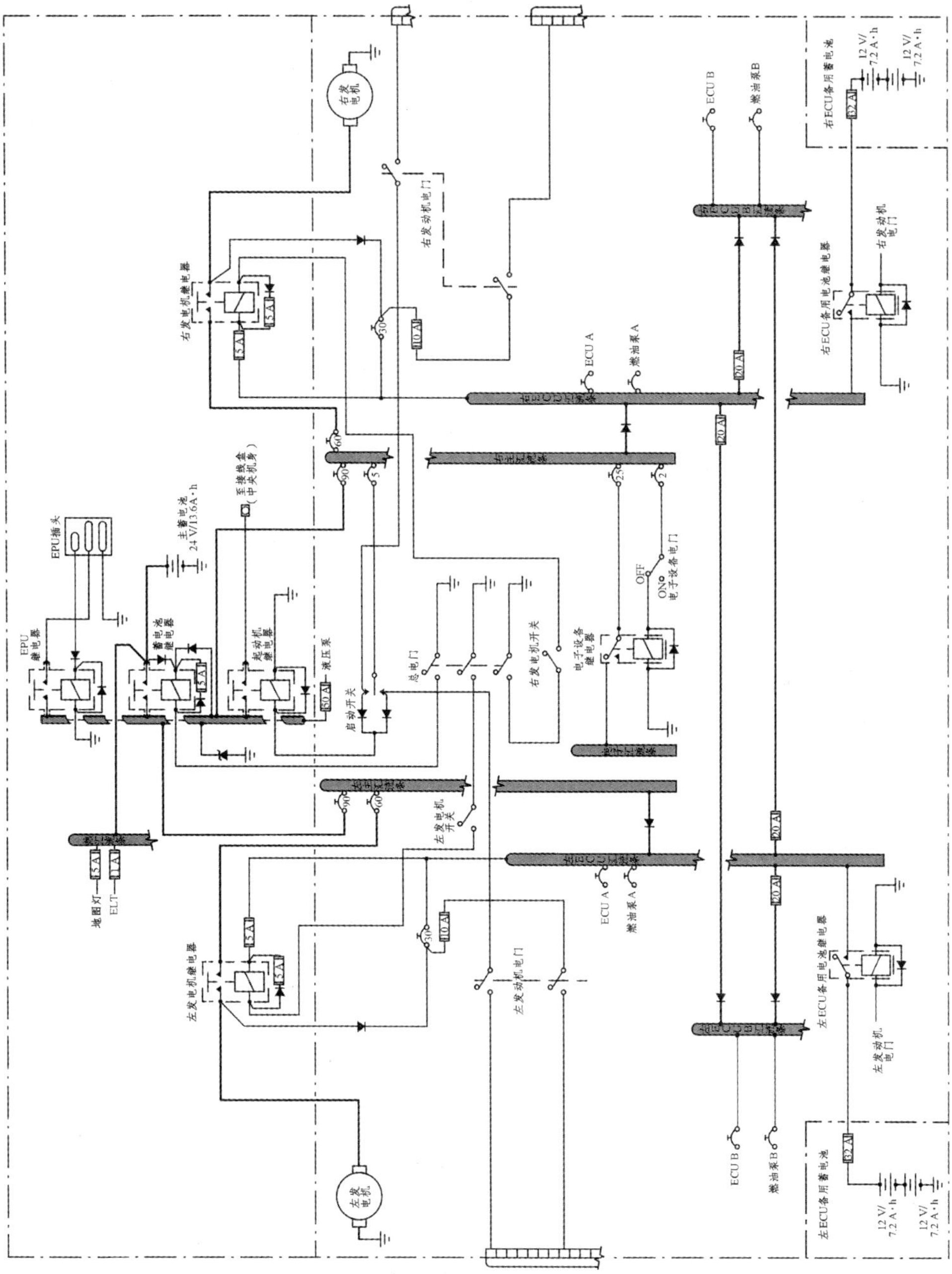
右发电机
左发电机
EPU插头
EPU继电器
蓄电池继电器
起动机继电器
液压泵
主蓄电池
24 V/13.6A·h
右发电机继电器
左发电机继电器
启动开关
总电门
右发电机开关
左发电机开关
电子设备继电器
电子设备电门
右发动机电门
左发动机电门
ECU A
燃油泵A
ECU B
燃油泵B
地图灯
ELT
右ECU备用电池继电器
左ECU备用电池继电器
右ECU备用蓄电池
左ECU备用蓄电池
12 V/
7.2 A·h

图 6.2 供电电路

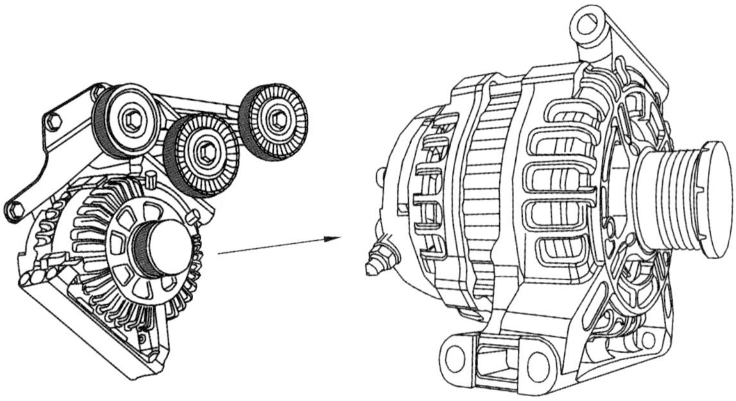

图 6.3　发电机

在发动机运转的情况下，蓄电池经过调压器内的有关电路，通过电刷和滑环即可给发电机转子上的励磁绕组供电，即可产生磁场。随着转子的旋转，磁场切割发电机定子绕组线圈，在定子线圈中感应出三相交流电，再通过安装在交流发电机内部的二极管进行三相全波整流。这样，发电机输出的就是含有少量谐波的直流电了。

左发电机的输电线通过左交流发电机继电器和一个 60 A 的断路器连接至左主汇流条。右发电机的输电线通过右交流发电机继电器和一个 60 A 的断路器连接至右主汇流条。两个主汇流条分别通过一个 90 A 的断路器连接至蓄电池汇流条。两台发电机的输电线也途经每台交流发电机的电流传感器，监控发电机的供电情况，包括蓄电池充电电流在 G1000 上显示。

发电机通过主蓄电池提供励磁电流发电，如主蓄电池故障，备用 ECU 蓄电池也可为发电机提供励磁电流。

二、发电机控制

每台发电机都有一个交流发电机控制组件，用于测量交流发电机输出电压，并通过脉宽调制信号控制经过交流发电机磁场线圈的励磁电流。为了保证输出电压在任何负载和速度条件下保持稳定，交流发电机的励磁电流要做相应的调制。

交流发电机控制组件也可通过独立的电流传感器，测量左右两个交流发电机的输电情况。依据当前测量值，左交流发电机调节器控制相应交流发电机的输电，由此保证两台交流发电机之间平行输电。

交流发电机控制组件含有全套诊断功能，如遇电压超压、低压及其他内部告警级别，G1000 PFD 上会显示警戒信息（L/R ALTN FAIL），向操作人员报警。

第二节　蓄电池

飞机上蓄电池主要是在：飞机主电源不工作或发生故障时，作为辅助电源或应急电源向重要用电设备供电；作为飞机发动机的起动电源；在某些特殊情况下（如在无电源的野外）也可以用作飞机某些小功率用电设备飞行前检查的电源。飞机蓄电池作应急电源使用时，常与交流发电机（主电源）并联使用。

一、主蓄电池

DA42NG 型飞机主蓄电池为 24 V/13.6 A • h 的铅酸蓄电池，蓄电池安装在前行李舱右后方，如图 6.4 所示。电瓶的负极“接地”，正极通过“蓄电池”继电器连接至 HOT BATTERY BUS（蓄电池热汇流条）和 BATTERY BUS（蓄电池汇流条）。蓄电池也为起动机供电。

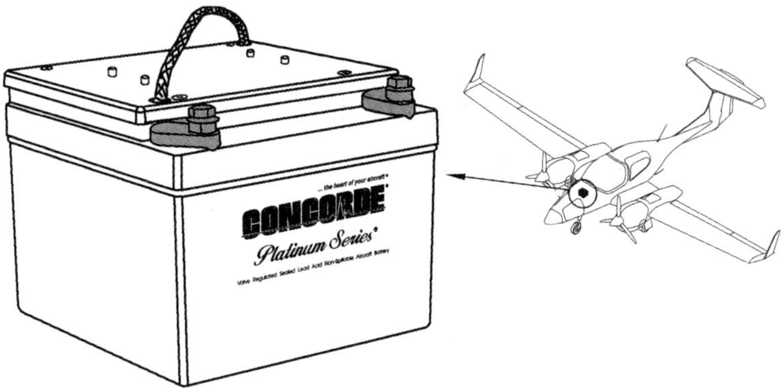

图 6.4　主蓄电池

注意：不允许在蓄电池没电的情况下起飞进行夜间 VFR 或 IFR 飞行，如果后续飞行时夜间 VFR 或 IFR 飞行，也不允许在飞机蓄电池没电的情况下使用外接电源起动发动机，此时应首先给飞机蓄电池充电。

二、ECU 备用蓄电池

DA42NG 型飞机配备有两部 ECU 备用蓄电池，左 ECU 备用蓄电池安装在乘客座椅下方，与左 ECU 汇流条相连；右 ECU 备用蓄电池安装在飞机下垂尾内，与右 ECU 汇流条相连，如图 6.5 所示。两部蓄电池相互备份，都可为另一边的 ECU B 汇流条供电。

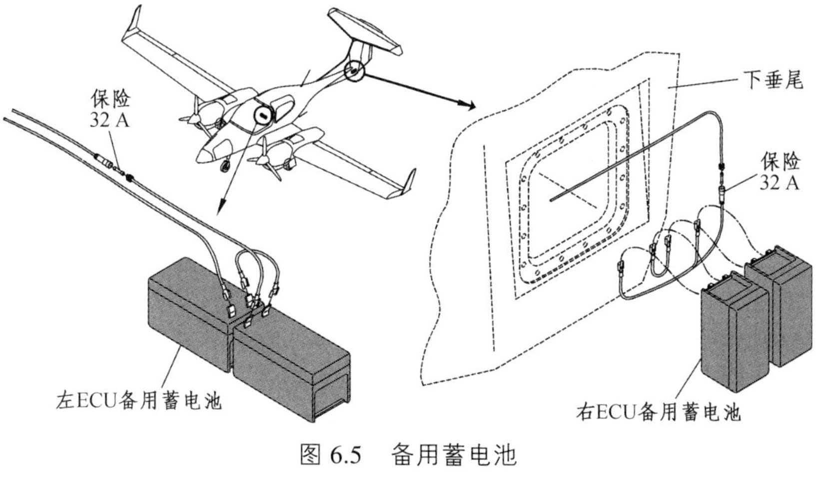

图 6.5　备用蓄电池

当主蓄电池故障时，交流发电机向 ECU 持续供电。如整个飞机电气系统故障，这些电池能维持发动机运行 30 min。30 min 后，两台发动机都会停车。

三、应急电源

应急电源为一套非充电干电池，由 10 个 3 V 的锂锰电池组成，容量 1 300 mA·h。安装在仪表板背后，如图 6.6 所示，作为备用陀螺姿态仪（人工地平仪或备用姿态仪）和泛光灯的另一个电源。当应急电门接通时，这两个系统至少可获得 1.5 h 供电，且独立于其他用电设备。每两年或使用（电门启封）后，必须替换电池包。

注意：当应急电源开关上的密封损坏时，不允许进行 IFR 飞行。

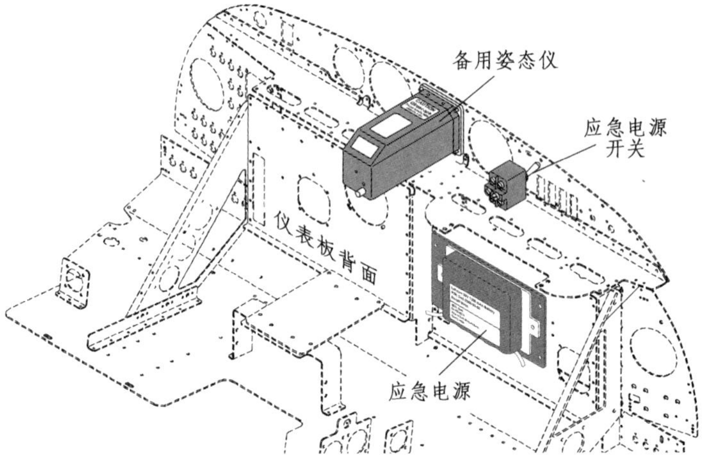

图 6.6　应急电源

第三节　继电器

继电器主要用于控制电路，通过继电器可实现用一路控制信号控制另一路或几路信号的功能，完成启动、停止、联动等控制。其主要控制对象是接触器；接触器的触头比较大，承载能力强，通过它来实现弱电到强电的控制。

DA42NG 型飞机的继电器板安装在前行李舱后部，与主蓄电池相邻，共有 5 个继电器和装在继电器板上，它们的触发开关如图 6.7 所示。

（1）发电机继电器：总电门和发电机开关同时打开。

（2）蓄电池继电器：总电门打开。

（3）外接电源继电器：外接电源插头插入并供电。

（4）起动机继电器：总电门打开并拧动钥匙。

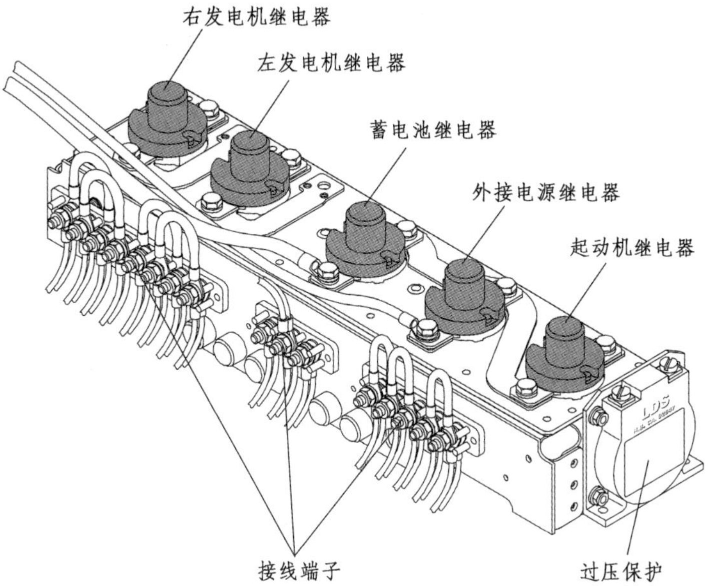

图 6.7　继电器

第四节　外部电源

外部电源接口位于前行李舱下方，连接到前行李舱中的继电器盒的外电源继电器，控制极通过二极管直接连接到继电器的线圈（防止外电源正、负极接反），28 V 外电源连接并供电时，通过控制极直接使继电器工作，接通外电源到继电器盒汇流条。

第五节　汇流条

电源通过蓄电池热汇流条、蓄电池汇流条、左（右）主汇流条、左（右）ECU 汇流条、和电子设备汇流条向飞机的用电设备供电。

一、热汇流条

蓄电池热汇流条直接连接至主蓄电池，且不能从主蓄电池断开。飞行员航图/阅读灯和 ELT RCPI 分别有保险丝保护，电源来自热蓄电池汇流条。

二、蓄电池汇流条

蓄电池汇流条通过主电门控制的蓄电池继电器连接至主电瓶。蓄电池汇流条为左（右）主汇流条供电，并为两个起动机提供耐久电源。

三、左主汇流条

左主汇流条通过一个 90 A 的断路器连接至蓄电池汇流条，为与其直接相连的用电设备供电。启动发动机前打开总电门，蓄电池汇流条向其供电；启动后打开发电机开关（常开），发电机向其供电。关联设备为 PFD、大气数据计算机、姿态航向参考系统、通信 1 部、GPS/NAV 1 部、应答机发动机仪表、左发 ECU 汇流条、皮托管加温、起落架控制、起落架警告、可变升降舵限动、地图灯（后）、泛光灯、滑行灯、防撞灯。

四、右主汇流条

右主汇流条通过一个 90 A 的断路器连接至蓄电池汇流条。为与其直接连接的用电设备供电，并且通过航电主控继电器为航电总线供电。关联设备为航电设备汇流条、MFD、地平仪、起动器控制、右发 ECU 汇流条、襟翼系统、航电设备/CDU 散热风扇、失速警告、航空电子设备控制、自动驾驶仪警告、着陆灯、航行灯、仪表灯。

五、电子设备汇流条

电子设备汇流条需打开电子设备电门才能从右主汇流条上取电，关联设备为通信 2 部、GPS/NAV 2 部、ADF、DME、音频面板、自动驾驶仪。

六、ECU 汇流条

ECU 汇流条需打开发动机电门，左（右）ECU 汇流条才能通过二极管连接至左（右）主汇流条上，通过二极管和一个 30 A 的断路器连接至交流发电机的输电线上，直接给 ECU A 及其燃油泵供电。ECU B 及其燃油泵通过一个附加二极管和保险丝连接到 ECU 汇流条，获得供电。此外，每个 ECU B 及其燃油泵通过二极管和保险丝可获得另一侧发动机的 ECU 汇流条供电。

第六节　开　关

控制供电系统的开关有总电门、发电机电门、发电机开关、电子设备电门和起动机电门，如图 6.8 所示。

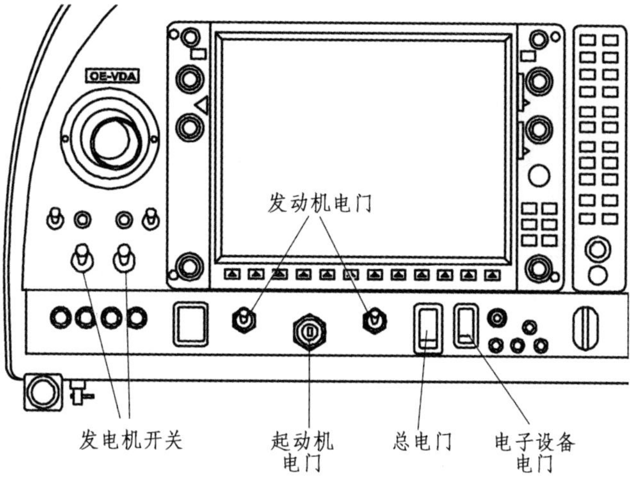

图 6.8　供电系统开关

一、总电门

主电源开关位于仪表面板左侧底部。它是摇臂式开关，有 3 对触点。当开关接通时：
（1）电池继电器的线圈接地并且电池继电器工作。
（2）左交流发电机开关的接地侧接地。
（3）右交流发电机开关的接地侧接地。

二、发电机开关

交流发电机继电器有一个控制开关。控制开关标有发电机左和发电机右。当电源总开关接通，将发电机左或发电机右开关置于“ON”的位置，相关的发动机交流发电机继电器线圈接地端就接地。交流发电机继电器的工作，将发电机的输出连接到相关主汇流条上。

注意：关闭发电机开关只断开发电机与主汇流条的连接，而不是关闭发电机。

三、发动机电门

左和右发动机总开关位于起动开关两侧。两个开关很相似并且有 4 对触点：相关的发动机的起动机内部继电器激励通电；交流发电机的调压器通电和相关的 ECU 备用电池继电器激励通电；左/右 ECU 汇流条连接到相关的发动机 ECU A 和发动机 ECU B 上。

四、电子设备电门

电子设备电门接通继电器连接电子设备汇流条和右主汇流条。与其他继电器相反，当电子设备开关设置到“ON”位时，电子设备继电器的线圈是没有电流流过的，继电器的释放状态为打开位。

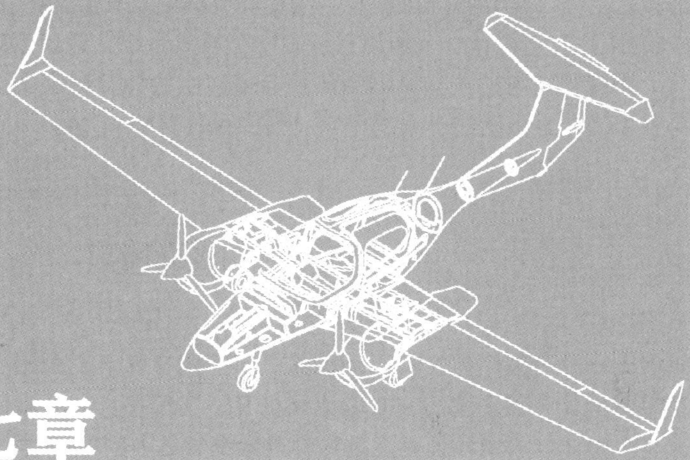

第七章

座舱环境系统

飞机座舱环境系统的基本任务是，在各种不同的飞行状态和外界条件下，使飞机的座舱具有良好的环境参数，以保证驾驶员和乘客的正常工作条件和乘坐环境，确保设备的正常工作及货物的安全。飞机座舱环境参数主要包括座舱空气的温度、压力和压力变化率等。为保证座舱内部条件良好，应使这些参数维持在合适范围内，因而必须采取相应的技术措施，需要各种机械和自动控制装置以及安全保护指示设备。

DA42NG 型飞机有一个加温系统和一个通风系统。通风系统使用外界空气给座舱通风换气。发动机短舱的热交换器为风挡除霜和座舱加温提供加温空气。飞机的空调系统是一个独立的电力驱动的子系统，它包括中央装置和一个控制面板。

第一节　座舱通风

正常飞行中，外界的空气流经机翼中部区域右侧下表面的 NACA 管。如图 7.1 所示，空气从机翼中部区域的密封舱流到机身。气流在机身分流，部分流向机身后侧的空气导入一个整体玻璃钢导管，通过导管引导空气流入到 J 形面板上的两个出口（第一排座椅靠背外侧处）和后舱头顶面板的两个空气出口。剩余的空气从软管流到仪表板的两侧空气出口。

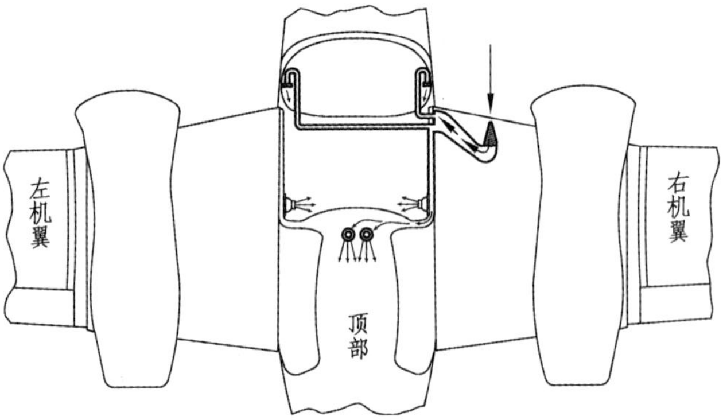

图 7.1　座舱通风气流

出风口处的圆形调节环可顺逆时针转动以调节风向和出风量的大小（见图 7.2），逆时针转动风量增大，顺时针转动风量减小直至关闭。

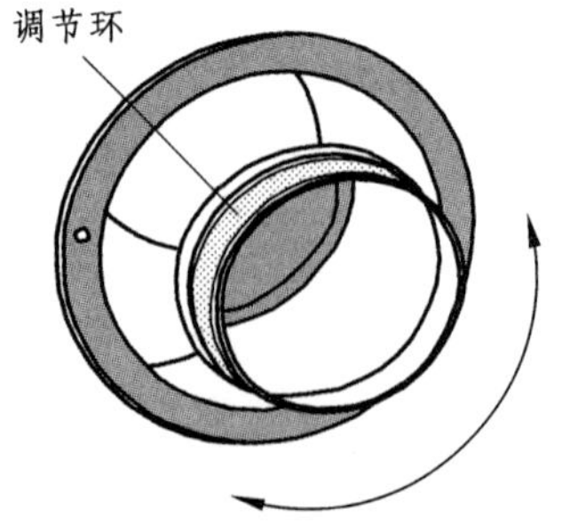

图 7.2　调节环

DA42NG 型飞机的通风口在右侧翼根下表面前缘，是一个类似三角形的开口（见图 7.3），未经调节的外界环境空气通过进气口进入飞机内部。

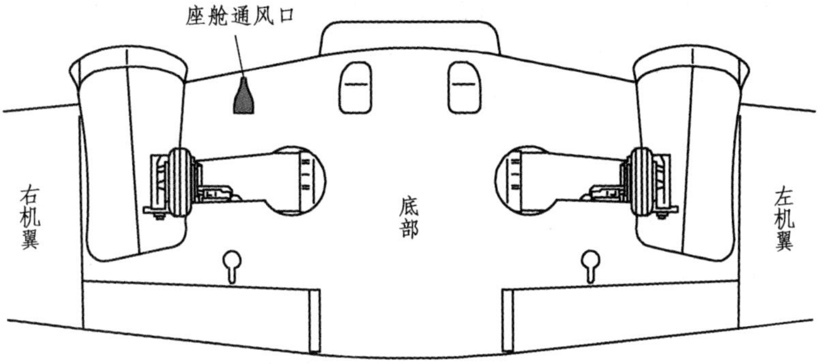

图 7.3　通风口位置

第二节　座舱加温/风挡除雾

发动机短舱中的热交换器为座舱提供热空气。被加热的发动机冷却液从发动机冷却系统流过热交换器格栅，外界的空气通过发动机短舱的进气孔流向热交换器。热交换器来的气流从控制活门流向座舱，用于座舱加热和挡风玻璃除霜。驾驶舱的中央控制台操作杆用鲍登钢索连接到控制活门，并且控制加温空气的流动。

左发动机为风挡除雾提供加温空气，右发动机为座舱加热提供加温空气，如图 7.4 所示。

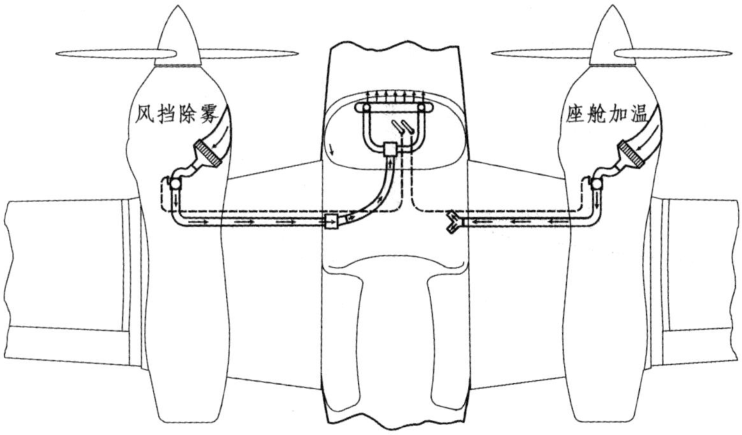

图 7.4　座舱加热/风挡除雾

一、热交换器

外界冷空气流经发动机短舱入口导管，进入碳纤维复合材料（CFC）壳体并直接通过热交换器，如图 7.5 所示。当发动机运转时，高温冷却液从发动机流向并通过热交换器核心返回到发动机，如图 7.6 所示。空气流过热交换器格栅后温度升高。加温空气从热交换器壳体及管路流向安装在发动机防火墙上的加温器旁通活门。

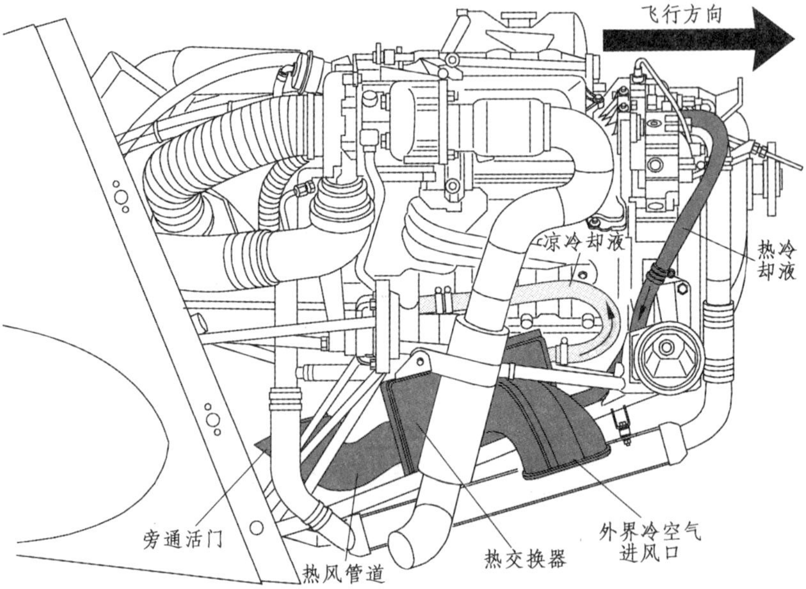

图 7.5　热交换器

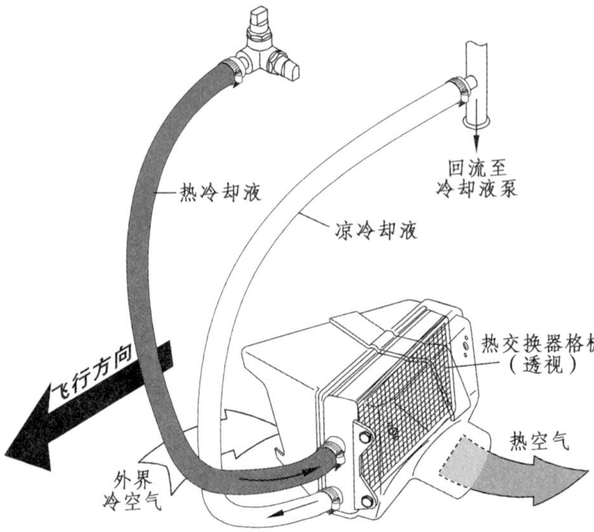

图 7.6　热交换过程

二、旁通活门

正常飞行中，外界空气和高温冷却液的热交换一直在进行，加热后的空气经过安装在发动机舱防火墙上的旁通活门，根据活门的设置决定流向，如图 7.7 所示。

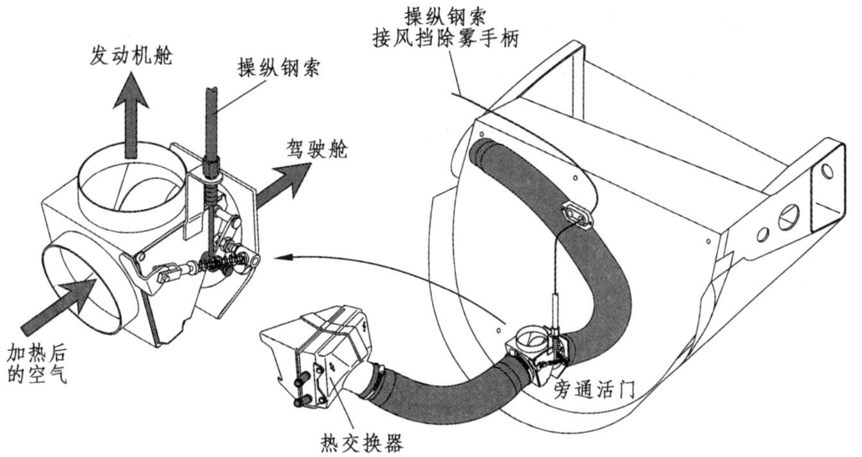

图 7.7　旁通活门安装位置

注：右发座舱加温与此图一致。

每个加温器旁通活门内置一个挡片，它可从打开位移动到旁通位，如图 7.8 所示。如果活门位于打开位，那么加温空气就会流入对应的加热或除霜系统；如果活门位于旁通位，加温空气就会流出活门进入发动机舱。

注意：风挡除雾和座舱加温的实际效果和冷却液温度以及冲压空气有关，冬季地面暖车时可适当增加暖车转速（温度达到滑油绿区前不得超过 50%功率）来提高加温除雾效果。

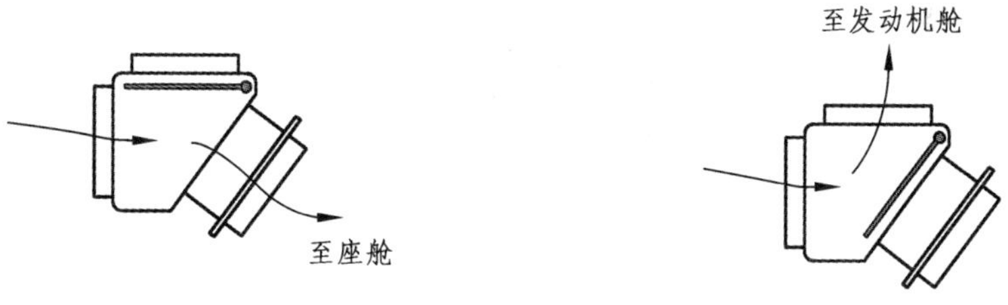

（a）阀门打开　　（b）阀门关闭

图 7.8　旁通活门的作用

三、操作手柄

操作驾驶舱中央操作台的两个操作杆（见图 7.9），通过鲍登钢索来控制加温器活门挡片的位置。左操作杆（除霜）控制左发动机加温器活门。右操作杆（座舱）控制右发动机加温器活门。每个操作杆的鲍登钢索前段连接到正驾驶座椅下面的左右传动杆，如图 7.10 所示。两边鲍登钢索的后段连接传动杆到左右加温器活门。

从关闭位置开始调节座舱操作杆，使加温空气流过加温器活门进入软管。操作杆没有挡位，但可以设置在部分开启的状态，此时旁通活门的挡片将热空气分流至发动机舱和飞机座舱。

进入飞机座舱的热空气通过软管输送至出风口。座舱加温出风口有 4 个，左右座方向舵脚蹬组件内侧舱壁处各有一个出风口；第一排左右座椅靠背下方地板处各有一个出风口。热空气从软管流入乘客和飞行员的脚下区域。风挡除雾的出风口在仪表板上方盖板处。

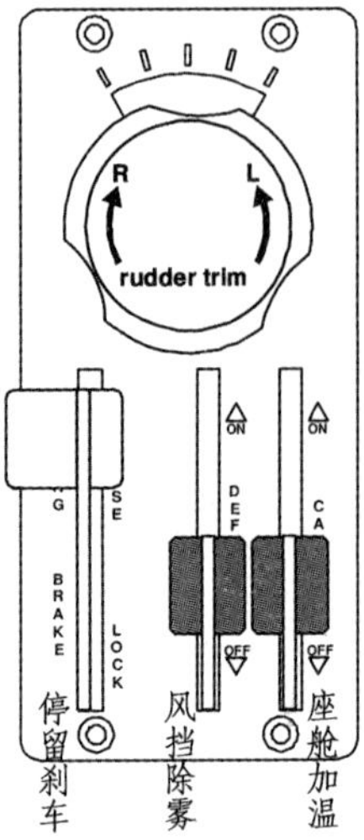

图 7.9　操作手柄

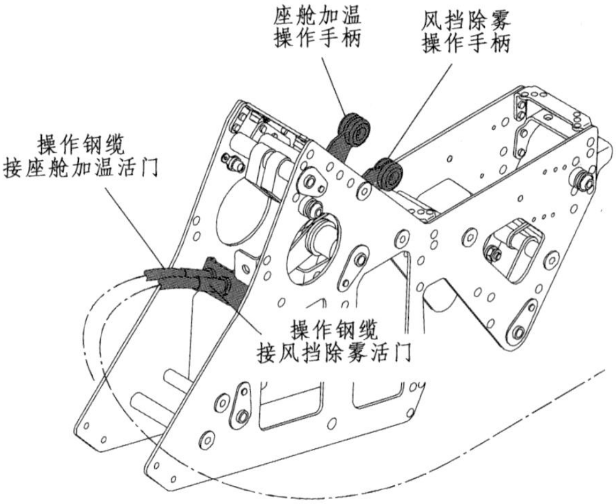

图 7.10　操作手柄与钢缆

第三节　空　调

中国民航飞行学院的DA42NG型飞机选装的是OAM42-193/o型空调组件，依靠蒸发循环制冷系统，利用液态制冷剂的相变来吸收空气中的热量，降低座舱或设备舱内的温度。该空调使用的是对臭氧没有破坏作用的R134a（四氟乙烷），特点是毒性非常低，空气中不可燃，化学稳定性好。整个空调制冷系统主要由位于后行李舱的空调组件、驾驶舱的空调控制面板、左发的附加交流发电机、调压器组成，如图 7.11 所示。

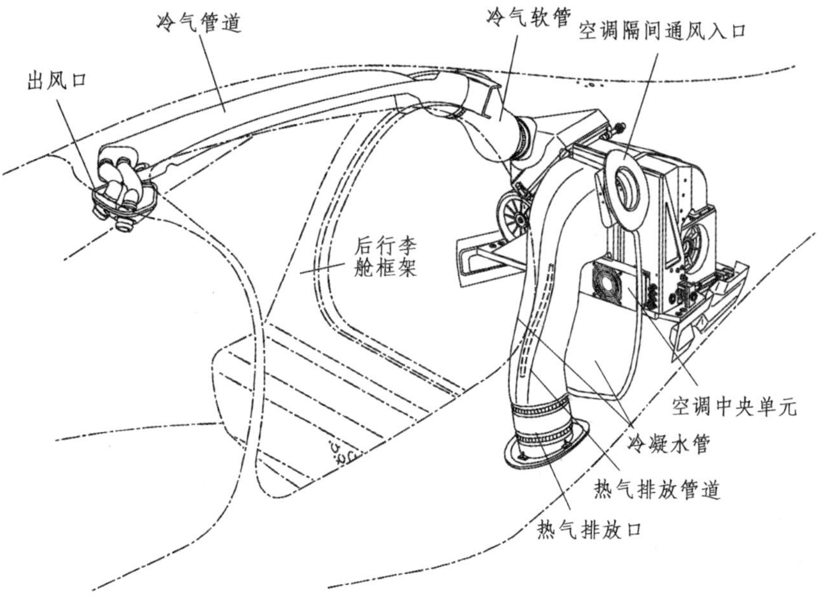

图 7.11　空调组件

一、控制面板

控制面板如图 7.12 所示。

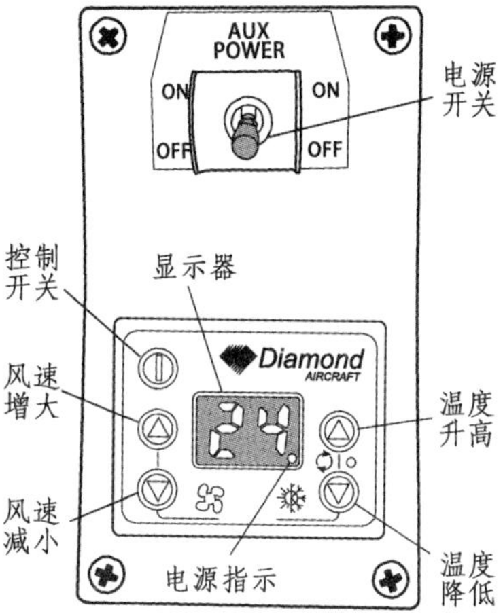

图 7.12　控制面板

（1）电源开关：打开至“ON”位，发电机为系统供电。

（2）控制开关：短按 1 s 开机，长按 1 s 以上关机。

（3）显示屏：调整温度和风速时提供相应的显示。

（4）风速键：控制蒸发器风扇转速，调节出风量。

（5）温度键：调节并设置座舱内的温度。

（6）电源状态：空调组件通电后，指示灯闪亮。

注意：打开空调时先打开电源开关再打开控制开关，关闭空调时先关闭控制开关再关闭电源开关。

二、空调组件

空调组件主要由压缩机、冷凝器、蒸发器、膨胀阀、干燥接收器组成，如图 7.13 所示。

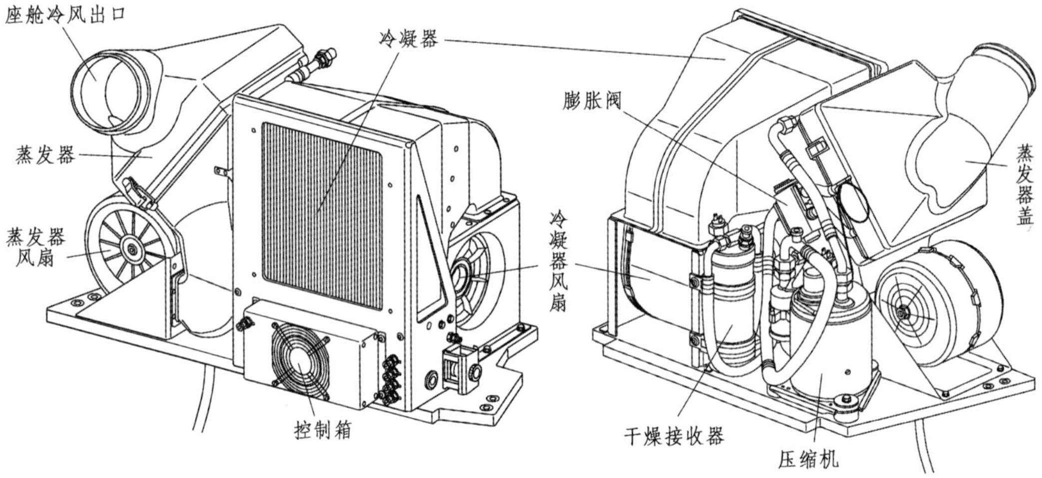

图 7.13　空调组件

（1）压缩机：由电机带动旋转，从蒸发器吸入低压气态制冷剂压缩成高压气态制冷剂，再输送至冷凝器。

（2）冷凝器：将压缩机出口的气态高压制冷剂变为高压液态，气态制冷剂在铜制绕管内冷凝，使热量散失到四周的空气中。为提高冷凝器的效率经常在管道上附加热传导性能优异的散热片，加大散热面积，以加速散热，并通过风扇抽吸外界空气，加快空气对流把热量带走。

（3）干燥接收器：在空调制冷系统中，干燥接收器的作用：① 吸收制冷系统中的水分，水分来源于制冷系统干燥不彻底、有空气进入、制冷剂中溶解出的水分。② 过滤系统中的杂质，防止制冷系统管路发生堵塞。由于系统最容易堵塞的部位是膨胀阀，因此干燥过滤器通常安装在冷凝器与膨胀阀之间。③ 用来储存和供应制冷系统内的液态制冷剂，以便及时补偿和调剂系统中的液体制冷剂。

（4）膨胀阀：一般位于干燥接收器和蒸发器之间，感受环境温度，高温高压的液态制冷剂经过膨胀阀的节流孔节流后，成为低温低压的雾状液态制冷剂，为制冷剂的蒸发创造条件。膨胀阀分为两种：一种是内平衡式，感受膨胀阀节流后的制冷剂压力；另一种是外平衡式，由于膨胀阀到蒸发器出口管路过长，会有一定压力损失。外平衡式感受蒸发器出口制冷剂的压力，控制更为精确。

（5）蒸发器：由于液态低温制冷剂在低压下易蒸发，转变为蒸气并吸收被冷却介质的热量，达到制冷目的。座舱内的高温空气通过鼓风机进入蒸发器冷却，空气中会有凝水，通过排水装置排走。

三、空调电源

空调系统由一个单独的电源系统供电。单独电源的发电机安装在左发，附加的交流发电机产生 28 V 的直流电为选装的飞机空调供电。附加的交流发电机及其用电设备形成一个额外的电气系统，没有连接到飞机的标准电气系统。

附加的交流发电机系统包括交流发电机、保险丝、电压调节器、励磁电瓶、辅助电源开关，如图 7.14 所示。

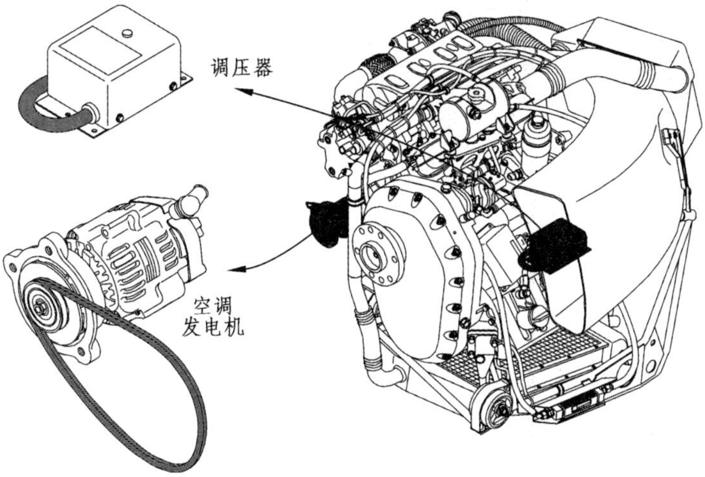

图 7.14　空调电源

电源主开关和辅助电源开关都接通，将地信号送到励磁继电器，使其接通，励磁电瓶经交流发电机控制继电器为电压调节器供电，此时发动机带动发电机转动将会有电流输出。

正常情况下，发电机的输出经交流发电机故障继电器为主继电器线圈供电，主继电器接通；发电机输出到汇流条供空调使用，同时为励磁电瓶充电。

有故障时，调压器控制交流发电机故障继电器断开，控制主继电器断开，无电流输出。

四、工作概况

空调控制器根据控制面板的设定来控制制冷回路的活门和压缩机。空调工作过程如图 7.15 所示。控制板“ON”，设定温度低于当前温度，压缩机工作，将低温低压力气态制冷剂加压成高温气体。高温的气态制冷剂通过冷凝器变成高压的液体，冷凝器风扇将外界空气流过冷凝器的管路把热量带到机外，干燥器/接收器瓶分离出水分，滤除污染物。膨胀阀控制流入蒸发器的制冷剂的量，制冷剂在蒸发器中沸腾，在冷却蒸发器盘管时又变成低温低压的气体，蒸发器风扇使座舱空气通过冷却线圈，从而使空气降温。冷却后的座舱空气将析出水分，在蒸发器线圈上冷凝成水，在下方收集并排出机外，气态制冷剂回到压缩机再次循环。

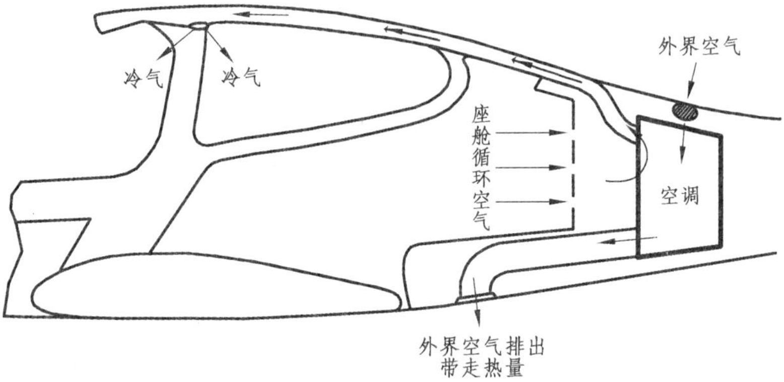

图 7.15　空调工作概况

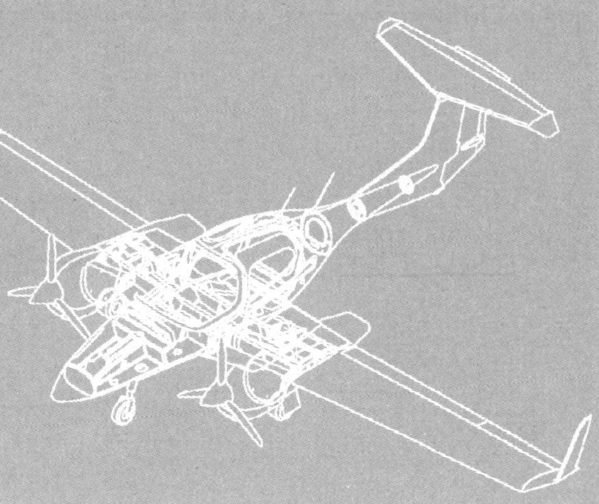

第八章

G1000 集成座舱系统

Garmin 1000 集成座舱系统（ICS）是一套综合了飞行、发动机、通信、导航和监控的仪表系统。该系统包括主飞行显示器、多功能显示器、综合航电系统、音频控制面板、姿态航向基准系统、大气数据计算机、发动机/机身处理单元，如图 8.1 所示。该系统包括两部 GPS 接收机、两部 VOR/ILS 接收机、两部 VHF 通信收发机，一个应答机和一个综合信息通报系统，可向飞行员告警某些非正常状况。

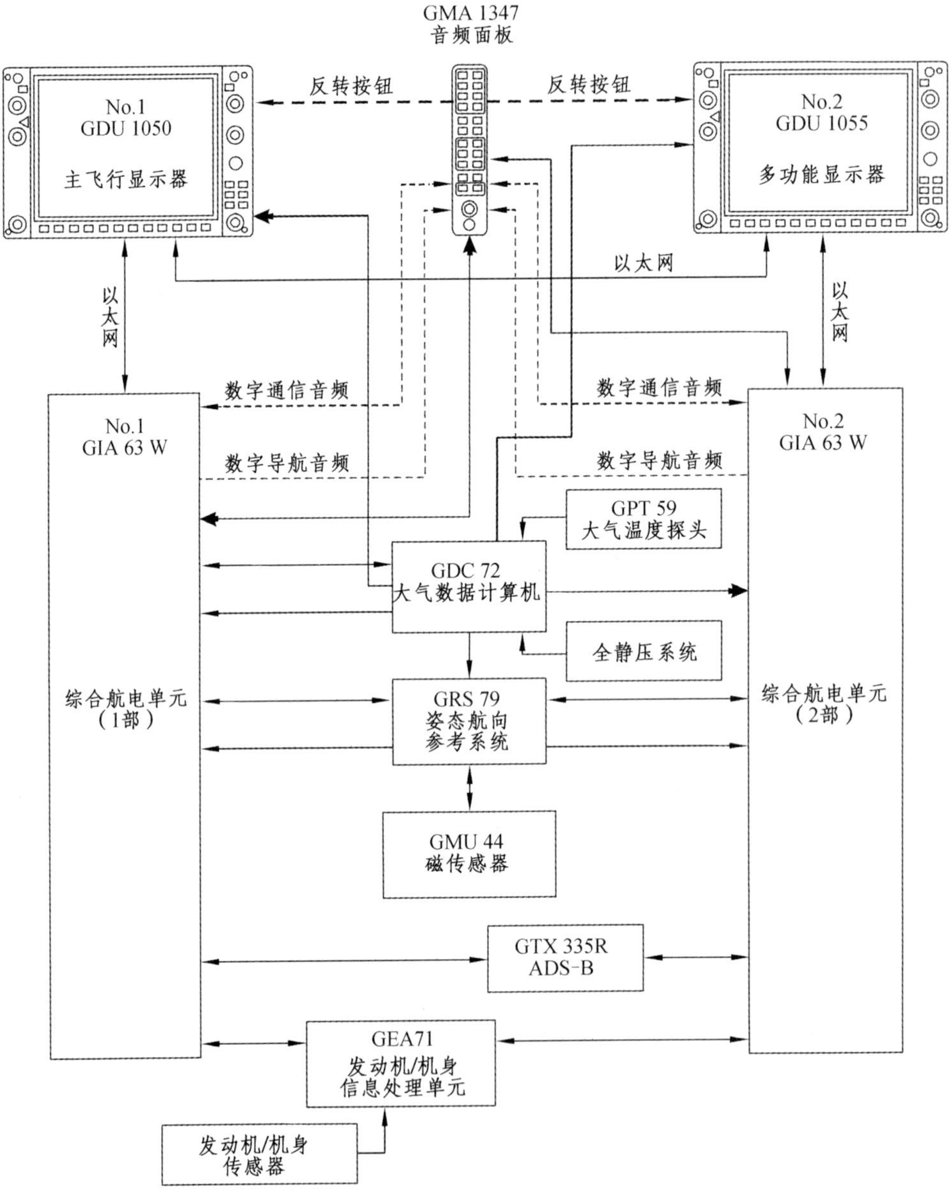

图 8.1　G1000 集成座舱系统

第一节　GDU 显示单元

GDU 显示单元如图 8.2 所示。

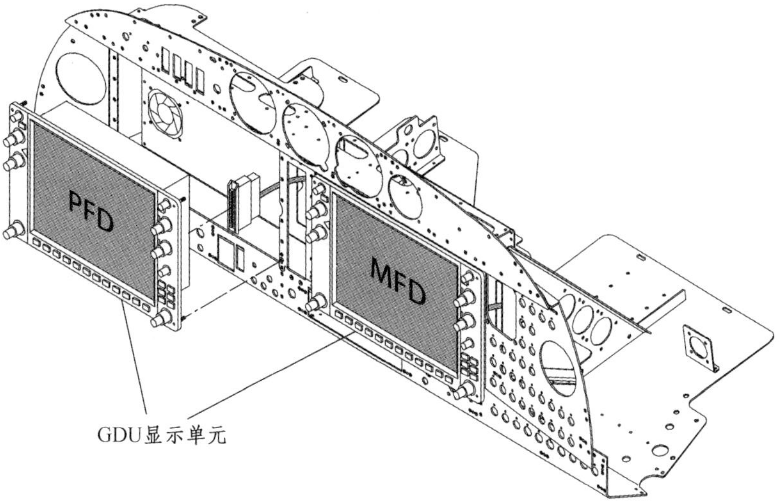

图 8.2　GDU 显示单元

一、PFD 显示

主飞行显示器常用的是 GDU 1050，10 英寸的显示器，以传统方式显示空速、姿态、高度和航向信息，如图 8.3 所示。

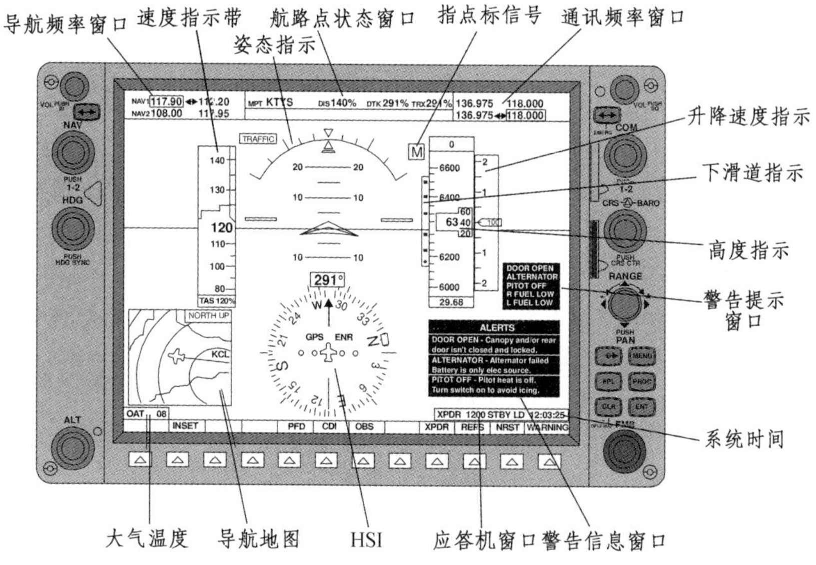

图 8.3　PFD 显示

侧滑信息以一个不规则四边形显示在坡度指针下，不规则四边形的一个宽度等于一个侧滑小球宽度的侧滑。转弯角速度信息显示在方位刻度盘上方的标尺内；满刻度偏转等于一个标准的转弯角速度；在空速和高度表显示器上，趋势矢量是一条洋红色线，代表保持当前加速度 6 s 后预计达到的空速或高度。在罗盘刻度上，转弯角速度指示器同样有趋势指示器的作用。

紧急情况下，通过按压音频面板上“DISPLAY BACKUP”按钮，可使 PFD 进入混合模式。在混合模式下，机组告警功能仍然保留，但地图功能不可用。

二、PFD 按键

显示器左、右的边框有集成座舱系统的控制旋钮，底部是“软键”，功能显示在显示器的对应位置，如图 8.4 所示。选装的飞行数据记录可以自动存储飞行数据及发动机数据，存储位置为 MFD 上部 SD 卡。

PFD 具有自监控系统，当其检测到显示器故障，PFD 进入到反转模式，在反转模式下，PFD 将显示飞行仪表符号和基本发动机参数监视指示。

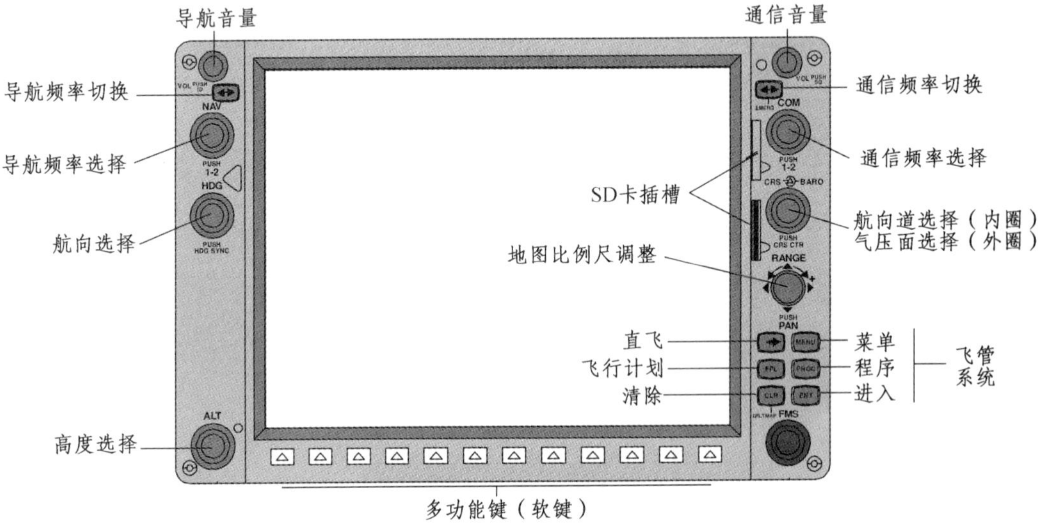

图 8.4　PFD 按键

三、多功能显示器（MFD）

多功能显示器（MFD）主要显示发动机数据、地图、地形、交通和地貌信息及飞行计划和行程信息，如图 8.5 所示。其显示组件与 PFD 几乎相同，包含前面所列的控制装置。除此之外，MFD 也包括自动驾驶仪系统的控制器。

四、告警信息

PFD 显示机组告警（信号牌）系统。当接收到警告或警戒信息，PFD 屏幕上会闪烁警告或警戒信号（见表 8.1～8.3），并伴有警告声。警告声会连续发出，警戒声仅发出一次。确认警报可取消闪烁，并出现信息文字说明。

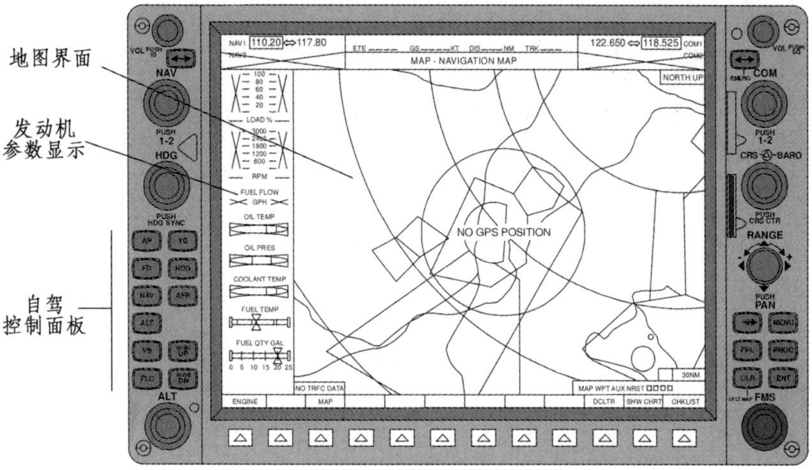

图 8.5　MFD 显示

表 8.1　警告信息（红色）

L/R ENG TEMP	左/右发动机冷却液温度处于上红区（过高/>105 °C）
L/R OIL TEMP	左/右发动机滑油温度处于上红区（过高/>140 °C）
L/R OIL PRES	左/右发动机滑油压力处于下红区（过低/90 kPa）
L/R FUEL TEMP	左/右燃油温度处于上红区（过高/>60 °C）
L/R GBOX TEMP	左/右发动机变速箱温度处于上红区（过高/>120 °C）
L/RFUELPRESS	左/右发动机燃油压力低
L/R ALTN AMPS	左/右交流发电机输出功率处于上红区（过高/>70 Amps）
L/R ENG FIRE	左/右发动机火警
L/R STARTER	左/右发动机启动器接通
DOOR OPEN	前或后座舱盖以及行李舱未关闭或上锁
AIRSPEED FAIL	显示系统无法从大气数据计算机获取空速数据
ALTITUDE FAIL	显示系统无法从大气数据计算机获取高度数据
VERT SPEEDFAIL	显示系统无法从飞行数据电脑获取垂直速度数据
HDG	显示系统无法从飞机姿态航向基准系统获取有效的航向数据
WARN	RAIM 位置警告。导航偏离指示被移除
Red X	如通信导航频率或发动机数据等任何显示区出现红色×则说明显示区无法接收有效数据

表 8.2 警戒信息（黄色）

L/R ECU A /BFAIL	左/右发动机控制单元 A/B 故障，或者在起飞前检查过程中，发动机控制单元 A/B 正在被全权限数字电子控制程序测试
L/R FUEL LOW	左/右主油箱油量低
L/R ALTN FAIL	左/右发动机交流发电机故障
L/R VOLTS LOW	左/右发动机发电机汇流条电压过低（＜25 V）
L/R COOL LVL	左/右发动机冷却液量低
PITOT FAIL	空速管加温故障
PITOT HT OFF	空速管加温关闭
STAL HT FAIL	失速警告加温故障
STAL HT OFF	失速警告加温关闭
STICK LIMIT	操纵杆限制系统（可变升降舵挡块）故障
LOI	GPS 精确度不适本阶段飞行
AHRS ALIGN: Keep Wings Level	飞机姿态航向基准系统正在校正，保持机翼水平
L/R AUX FUEL E	左/右辅助燃油箱空（如安装）
CHECK GEAR	起落架未放下和锁闭
DEICE LVL LO	除冰液量低（如安装）
DEIC PRES HI	除冰液压力高（如安装）
DEIC PRES LO	除冰液压力低（如安装）

表 8.3 咨询信息（白色）

L/R GLOW ON	左/右发动机加热装置开
L/R AUXPUMP ON	辅助油箱正在向主油箱传输燃油（如安装）
PFD FAN FIL	主飞行显示器冷却风扇故障
MFD FAN FIL	多功能显示器冷却风扇故障
GIA FAN FAIL	Garmin 综合航空电子设备冷却风扇故障

第二节 GMA 1347 音频控制面板

GMA1347 音频控制板是 G1000 的一个集成部件，集成了 NAV/COM 控制、数字音频、内话系统和指点信标，位于两个显示器的中间，如图 8.6 所示。音频控制面板也是综合驾驶舱系统（ICS）的音频系统与主副驾驶员/机组人员耳机之间的接口件。同系列的 GMA1360 音频面板，具有蓝牙功能。

音频控制面板面板包括传统的发射机和接收机选择器，以及集成内话和指点信标系统。指点信标灯显示在 PFD 上。此外，许可记录器记录了最后 2.5 min 接收到的音频。选择器上方的灯指示具体激活的选择器。按压音频面板上的红色“DISPLAYBACKUP”按钮，PFD 和 MFD 都显示混合模式。

控制面板的按键有 LED 信号器标牌，按键激活时，信号器通过 LED 点亮面板通电时，控制面板进行自检；自检结束面板复位到上次面板最后断电时设置的工作状态

如果控制面板自检失败，面板会转换到一个故障安全模式，此时正驾驶侧的耳机和麦克风信号直接与 GIA64W（通信导航收发机）连接，不再通过音频控制面板控制。详细的按键使用在通信导航章节细述。

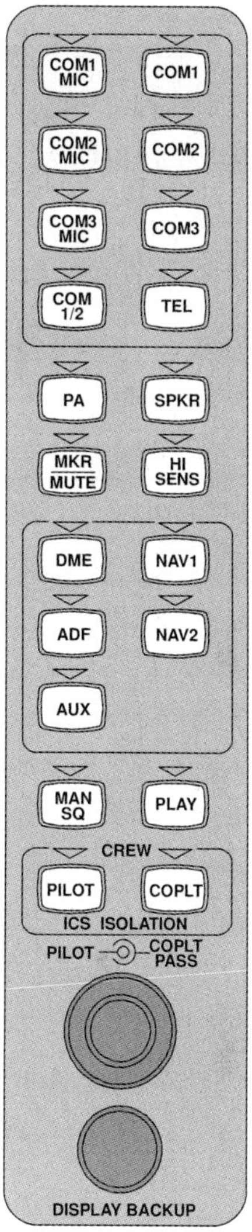

图 8.6　GMA1347 音频控制面板

第三节　GRS 77（AHRS）姿态航向基准系统

GRS 77/79 姿态航向基准系统位于后机身航电设备的旁边，后行李舱框架的后面（见图 8.7），包含先进的倾斜传感器、加速度计和速度传感器，提供飞机姿态和相关飞行数据到 GIA 63W 以及驾驶舱显示器。

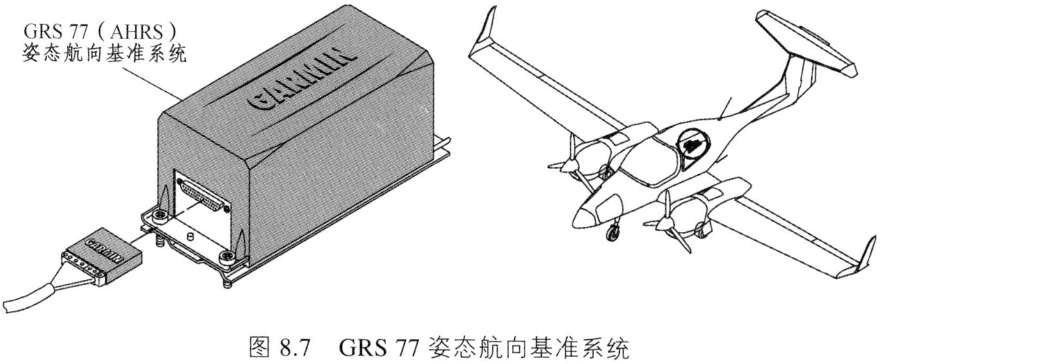

图 8.7　GRS 77 姿态航向基准系统

姿态航向基准系统（AHRS）使用 GPS、速率传感器、大气数据和磁差来测定俯仰和横滚姿态，以及侧滑和航向。如果系统丢失上述任何一个输入信号，在降级模式中也可以运行。信息输入丢失时，状态信息会提醒机组人员。在飞机运动过程中，AHRS 会自动校准，校准过程中机翼保持水平时，校准会更快。

第四节　GMU 44 磁传感器

GMU 44 磁传感器用来感受地球磁场信息，数据被送至 GRS77 AHRS 用来计算飞机磁航向。

GMU 44 位于右机翼外侧，打开机翼下表面的一个口盖可以看到，如图 8.8 所示。磁传感器是一个三轴设备，可以测量出每个轴的磁场强度，其安装是固定的并且随着飞机姿态而变化。如果飞机是水平直飞的，只需测得水平方向的磁场，以此获得磁北航向。当飞机有俯仰、倾斜和偏航角时，就要从 AHRS 提取三轴偏角和测量出三轴各自的磁场强度，并且通过计算机芯片的精确运算，就可以得到想要的水平分量。

GMU 44 由 GRS77 提供电源，使用 RS485 数据接口与 GRS77 通信。

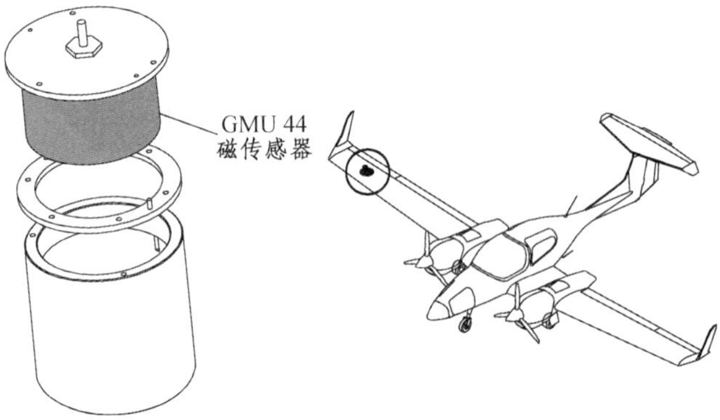

图 8.8　GMU 44 磁传感器

第五节　GEA 71 发动机/机身信息处理单元

GEA 71 发动机/机身信息处理单元位于仪表板架 PFD 后面，是一个基于微处理器的部件，用于接收并处理来自机身和发动机传感器的信号，与两个 GIA64W 综合航电单元直接通过 RS485 数字接口通信，如图 8.9 所示。

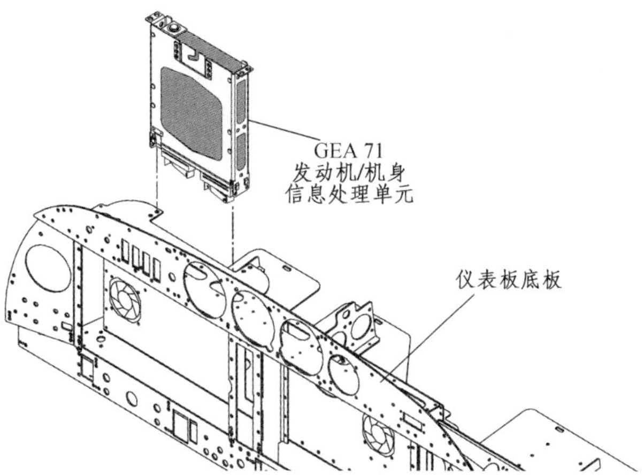

图 8.9　GEA 71 发动机/机身信息处理单元

第六节　GIA 64 综合航电单元

GIA64 综合航电单元是 G1000 系统的中央集成电子组件，两部 GIA64 都安装在机身后部的电子设备架，行李舱隔框的后面，如图 8.10 所示。它作为一个主要的通信枢纽，将所有 LRUs（可更换组件）与 PFD 和 MFD 显示器连接起来，包含 GPS 接收机、甚高频通信收发机、甚高频导航接收机以及系统集成微处理器。

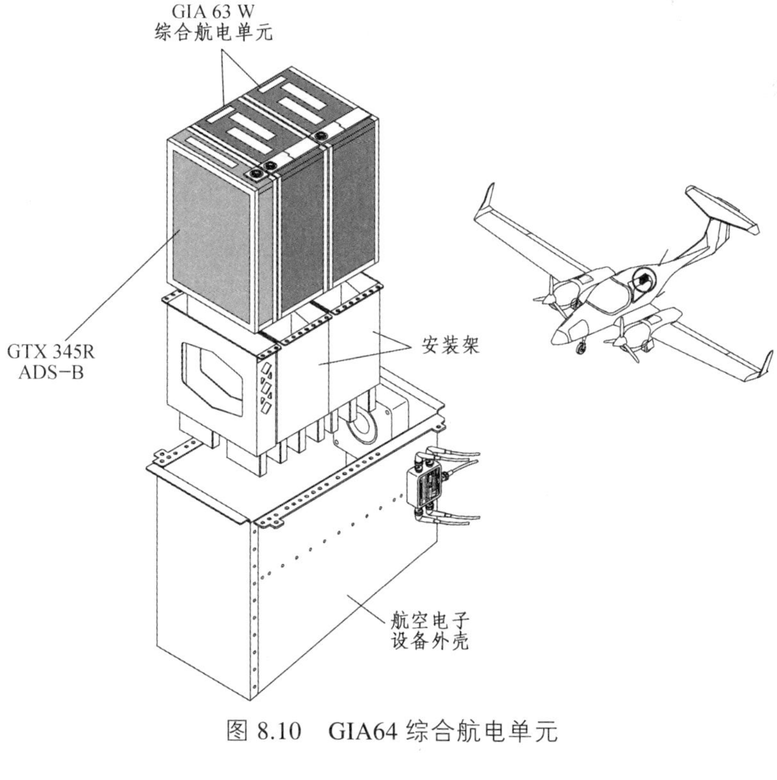

图 8.10　GIA64 综合航电单元

第七节　GTX 345R/ADS-B 接收器

GTX 345R ADS-B 接收器与两部 GIA64 一起安装在机身后部的电子设备架，行李舱隔框的后面。S 模式应答机提供 A 模式、C 模式和 S 模式询问和应答功能，在 PFD 上进行操作。通过 RS232 接口与两部 GIA64W 连接，它是一款双链路系统，因此它可以接收授权进行 ADS-B 操作的频率（1 090 MHz）。这可以提供从 1 090 MHz 频率传输的飞机的最完整的交通图像，当主动交通系统与 GTX 345R 集成时 ADS-B 交通和活动交通目标在显示屏（MFD）上合并，为飞行员提供真正全面的交通状况。

GTX 345R 还可以接收 ADS-B 交通位置报告（和威胁级别符号系统），以帮助飞行员查看和避免繁忙空域中的汇聚目标。语音音频警报会呼叫潜在的飞行路径冲突（如“交通，10 点钟，相同的高度，两英里”）。

第八节　GDC 72（ADC）大气数据计算机

GDC 72 大气数据计算机位于仪表板架，MFD 后（见图 8.11），接收并处理全/静压系统、OAT 传感器的信号。为 G1000 系统提供气压高度，空速，升降速度和外界大气温度数据信息。同时这些大气数据信息也提供给自动驾驶和指示系统。

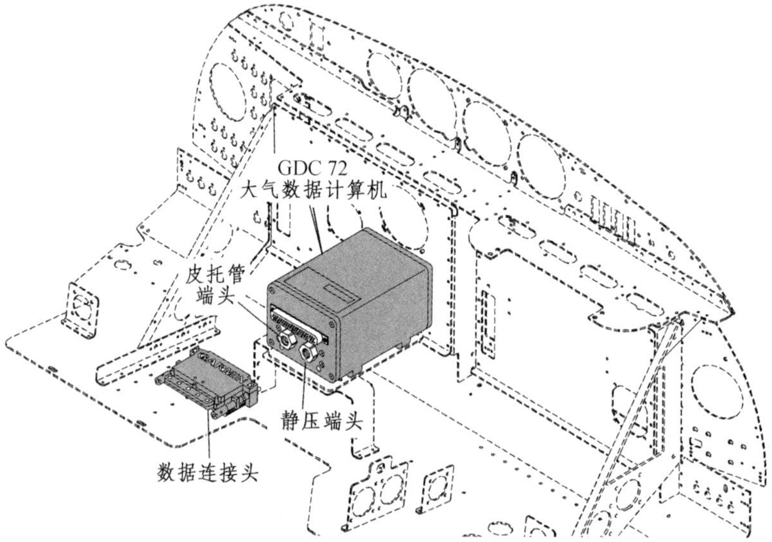

图 8.11　GDC 72 大气数据计算机

第九节　GPT 59 大气温度传感器

GPT 59 外界大气温度传感器位于机头下表面，前起落架舱右侧（飞行员视角），如图 8.12 所示。传感器尾部有信号线连接大气数据计算机（ADC）。

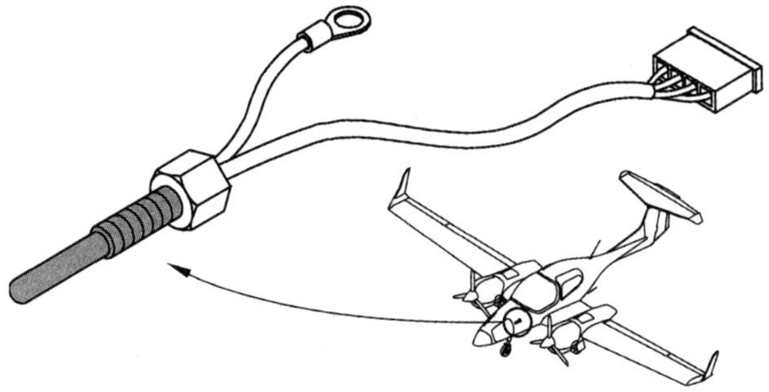

图 8.12　GPT 59 大气温度传感器

因为探头多相对气流的阻滞作用会带来少量能量转换，以及感温元件会以各种方式与周围环境交换热量。所以温度传感器实际测得的温度不能反映实际外界温度。该数据在经过大气数据计算机的恢复后才可以用于显示外界大气温度，及计算指示空速的修正。

第十节　全静压系统

DA42NG 型飞机装配有传统的全静压系统，如图 8.13 所示。位于左机翼下方的皮托管测全压。它带有电加热器，由仪表板底部左侧的开关控制；位于后机身两侧的静压孔测得静压，备用静压源位于仪表板最左侧底部。

皮托管软管是绿色的，静压软管是蓝色/紫色或红色的。皮托管和静压软管在管路最低部位（飞行员座位下方）有集水槽。三通接头（T 形）将管路分成两路，顶部的管路直接到仪表；底部管路通过集水器后再与顶部的管路在三通接头处汇合。静压系统在尾部行李舱下面有一个额外的集水槽。

全静压系统连接备用仪表中的空速表和高度表，同时向大气数据计算机提供全静压数据。

飞行中如果遇到静压孔堵塞或静压不可靠时，应及时打开仪表板底部最左侧的备用静压源手柄（见图 8.14），使座舱内的静压接入全静压系统。

静压孔堵塞的表现：

（1）升降速度无指示。

（2）高度表变化迟缓或无变化。

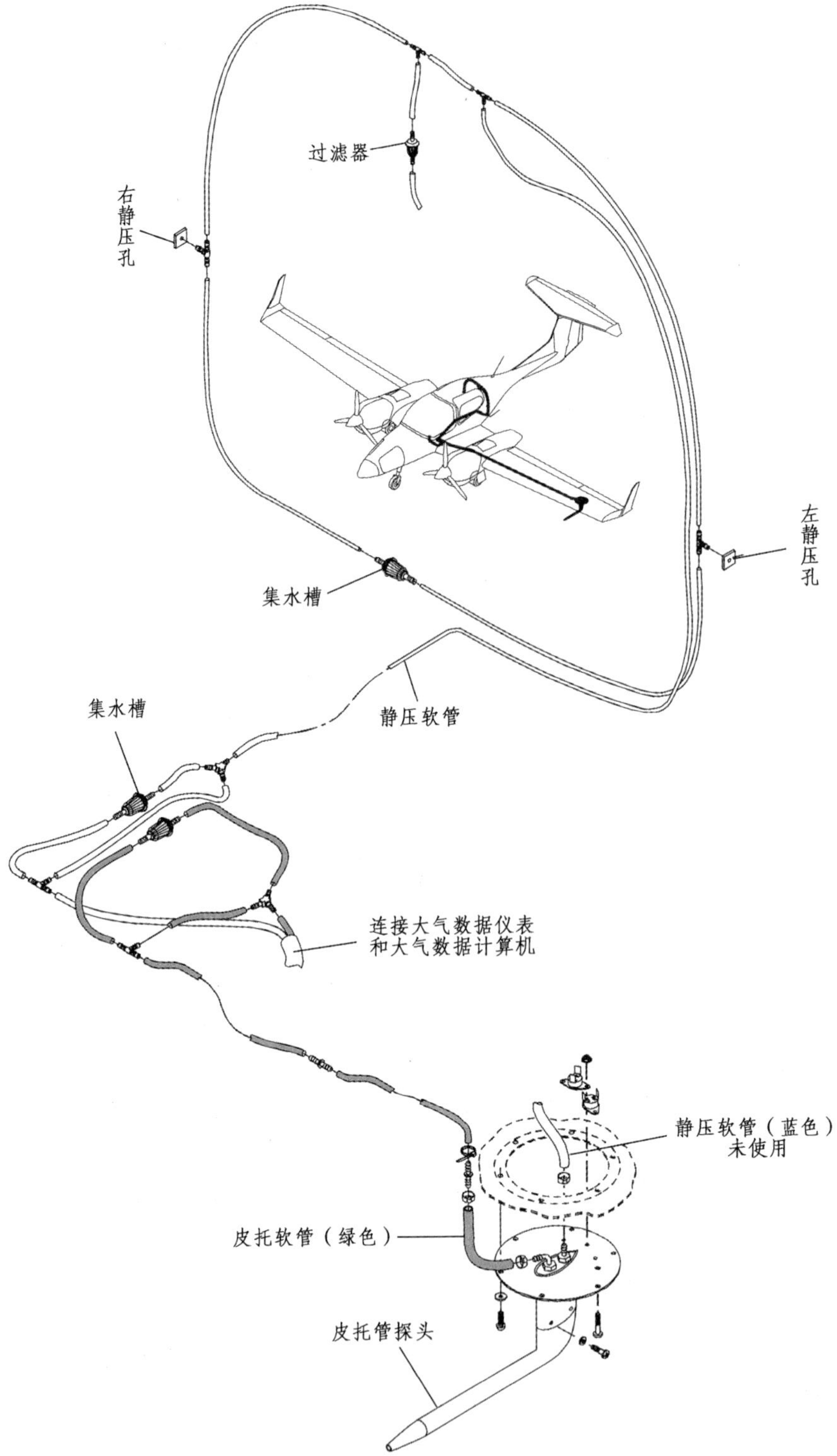
过滤器
右静压孔
左静压孔
集水槽
静压软管
集水槽
连接大气数据仪表和大气数据计算机
静压软管（蓝色）未使用
皮托软管（绿色）
皮托管探头

图 8.13　全静压系统

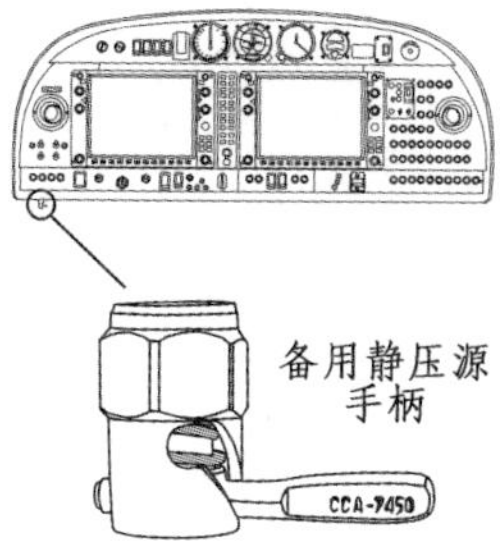

图 8.14　备用静压源手柄

（3）爬升时速度指示逐渐减小。

（4）下降时速度指示逐渐增大。

打开备用静压源后的表现：

（1）升降速度虚指后稳定。

（2）高度表指示略偏高。

（3）速度表指示略偏大。

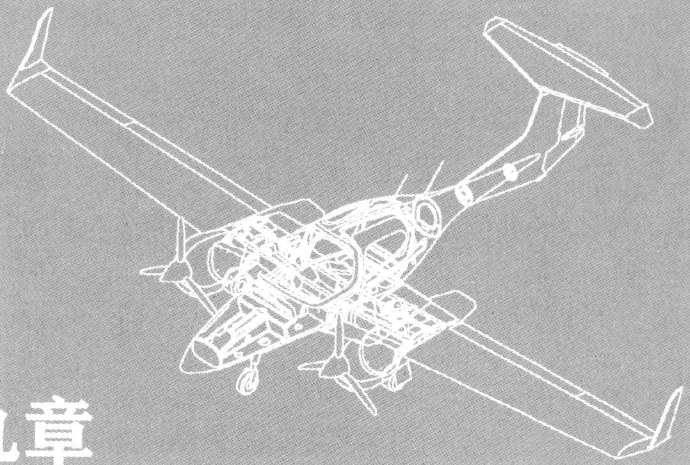

第九章

通信系统

甚高频通信系统是供飞机与地面台站、飞机与飞机之间进行双向话音和数据通信联络的装置。每一个驾驶员通过其中任一系统选择一个工作频率后，即可进行发射和接收。甚高频通信系统采用调幅工作方式，通信无线电调谐频度范围为 118.00～136.975 MHz，频道间隔为 25 kHz。

DA42 NG 型飞机的通信系统包括驾驶员和乘客互相交谈的内部通话系统、飞行员和地面及其他飞机之间进行语音交流的无线电系统。

DA 42NG 型飞机通信系统的部件包含 COM VHF 天线、NAV/COM 收发机（GIA64）、GMA 1347 音频控制板、发话按钮（Push-to-talk PTT 开关）、耳机插孔和扬声器，如图 9.1 所示。

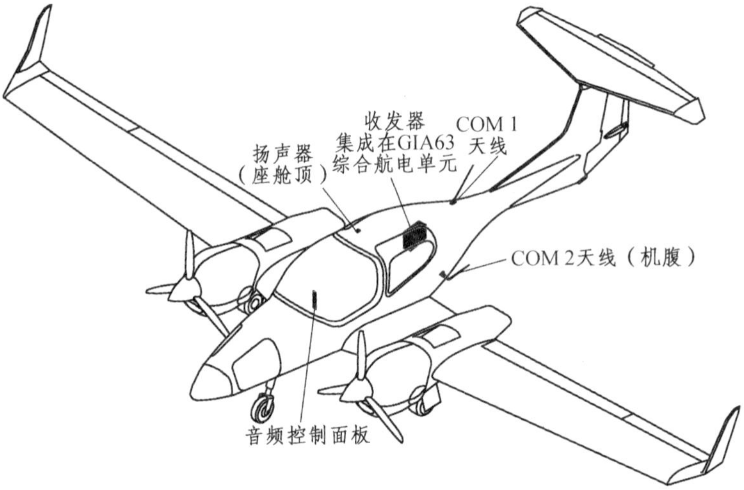

图 9.1　通信系统

第一节　收发天线

甚高频通信系统天线是辐射和接收射频信号的装置。天线与发射电路的阻抗是匹配的，天线通过同轴电缆与甚高频收发组件相连。甚高频发射机的输出阻抗为 50 Ω。当甚高频电台天线受潮，或者绝缘不良时会使发射机输出功率降低，通信距离缩短。

DA42NG 型飞机安装有两根鞭形甚高频通信天线，COM 1 天线在座舱后部机身上表面，COM 2 天线在座舱后部机身下表面。对应的两部甚高频通信收发机分别集成在 GIA64 一部和二部中。

第二节　频率设置

PFD 和 MFD 的右上角的旋钮和按键可以调整和切换频率，如图 9.2 所示。

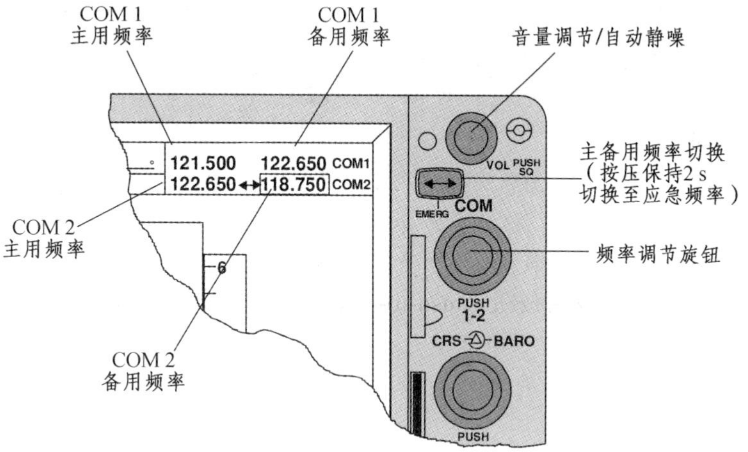

图 9.2 频率设置

一、显 示

COM 频率框内有 4 个频率显示，第一行显示 COM 一部频率，第二行显示 COM 二部频率；相应的每一行左侧是主用频率右侧是备用频率。

正在使用的 COM 主用频率显示为绿色，另一部主用频率则显示为白色。待调谐的备用频率显示为白色，另一部备用频率显示为灰色。

二、设 置

按压频率调节旋钮将调谐框放在 COM 1 或 COM 2 的备用频率上，旋转旋钮调谐频率（调谐范围 118～136.975 MHz），大旋钮调整小数点前的数字，小旋钮调整小数点后的数字。按压切换按钮使调好的频率转为主用。

也可在音频控制面板上选择 COM 1 或 COM 2 来实现通信一二部频率的切换。

三、音 量

旋转 VOL/SQ 旋钮可在 0～100 调节音量，顺时针音量增大逆时针减小，调节时音量数值会显示在备用频率处。

正常情况下自动静噪功能可压制无用的噪声使 COM 信号更清晰，按压音量调节旋钮可禁用自动静噪，此时噪声和通信信号将一同被接收。

四、收发状态

当一个白色的 RX 出现在主备用频率中间时，说明该 COM 正在接收信号。

当一个白色的 TX 出现在主备用频率中间时，说明该 COM 正在发送信号。

第三节　音频控制面板

GMA1347音频控制板是G1000的一个集成部件（见图8.6），位于两个显示器的中间，音频控制面板也是综合驾驶舱系统（ICS）的音频系统与主副驾驶员/机组人员耳机之间的接口件。

控制面板的按键有LED信号器标牌，按键激活时，信号器通过LED点亮，面板通电时，控制面板进行自检；自检结束面板复位到上次面板最后断电时设置的工作状态。如果控制面板自检失败，面板会转换到一个故障安全模式，并且所有故障安全音频输出信号直接进入正驾驶员耳机。

按键功能：

（1）COM 1 MIC 按键。按下键选择 COM 1 作为麦克风信号源并且自动取消之前任何选择的 COM MIC 按键。COM 1 MIC 按键信号器点亮（COM 2 MIC 按键类似）。

（2）COM 1/2 按键。按此键选择分离式 COM（通信）功能。COM 1 成为主驾驶员麦克风/音频专用 COM 系统，COM 2 成为副驾驶员麦克风/音频专用 COM 系统。主驾驶和副驾驶员都能同时用分离 COM 系统发送信号。主驾驶员能监控所选择的所有导航音频，副驾驶员只能监控 COM 2 的音频。

（3）COM 1 按键。按此键选中 COM 1 作为音频信号源。用此键选择 COM 1 音频，不管其他任何选择，始终保持 COM 1 作为音频信号源。当 COM 1 键激活时，信号器燃亮。

（4）SPKR 按键。按此键选中客舱扬声器。当选中时，客舱扬声器将广播所有选中的音频频道。当一个 COM 麦克风键按下时扬声器时，会静音。当扬声器按键激活时，信号器会亮。

（5）MKR/MUTE 键。按下时将会引起指点信标音频静音，但是符号还会保留在显示器上。

（6）HI SENS 按键。按下此键增加指点信标接收机的灵敏度。

（7）PILOT，COPLT 按键。在 ICS 隔离系统有 4 个工作模式，主驾驶和副驾驶按键所有的选择能使用一个组合。

① 主驾驶模式，只在 PILOT 键按下时，主驾驶员能听到选中的无线电音频信号，副驾驶和乘客只能相互通话。

② 副驾驶模式，只在 COPLT 键选中时副驾驶员的耳机是被隔离的，主驾驶员和乘客能听到选择的无线电音频信号并且能相互交流。

③ 机组模式，PILOT 和 COPLT 键都是按下时主驾驶员和副驾驶员都能听到所选择的无线电音频信号并且之间都能相互通话。

④ 所有模式，PILOT 或 COPLT 键都没按下时主驾驶员和乘客都能听到被选中的无线电音频信号并且之间能相互通话。

第四节　耳机插孔和发话按钮

DA42NG 型飞机的耳机插孔全部集中在中控台后壁处，共有 4 排，从上往下依次是前排左座、前排右座、后排左座、后排右座，如图 9.3 所示。

发话按钮在每个驾驶杆握把的后面，正常握住驾驶杆发话按钮应在食指附近。

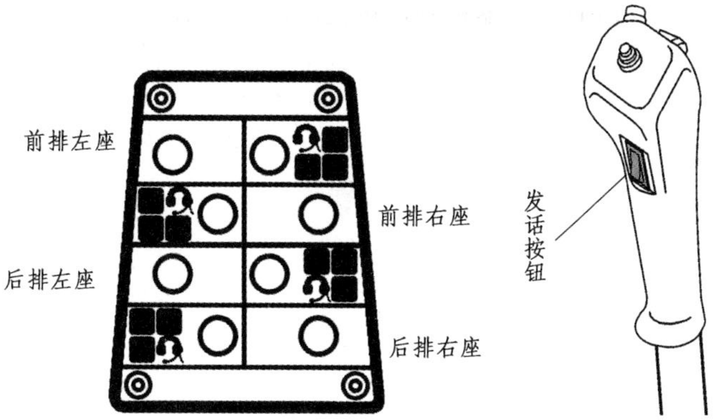

图 9.3　耳机插孔和发话按钮

第五节　静电放电刷

飞机高速地飞行与空气摩擦、穿过带电云团以及自身内部机械摩擦会产生静电并累积在机身内，如果不及时释放静电会造成静电累积。当静电累积到一定电荷就会造成“放电现象”，从而对飞机通信系统和导航系统造成影响，严重时甚至会威胁到飞行安全。为解决静电对飞机通信的干扰，利用尖端放电的原理在飞机机翼和尾翼安装静放电刷来释放飞机上的静电。

由于静电干扰而导致的通信系统噪声，通常发生在飞行阶段，而地面故障是无法再现的。

DA42NG 飞机采用复合材料结构，复合材料结构不导电，因此配备一个专门的搭铁系统。一系列的金属管和金属条构成了飞机的搭铁系统。所有的金属部件以及飞机机体和天线接地板连接到搭铁系统，形成等电势。

放静电系统卸除聚集在飞机表面的静电电荷。DA42NG 型飞机表面覆盖一层特殊的导电涂层，经过处理后的飞机表面静电荷能流到放电刷，如图 9.4 所示。放电刷将静电荷放回大气。

放电刷的安装座用导电胶水粘接在机身上，要避免用力扯动。

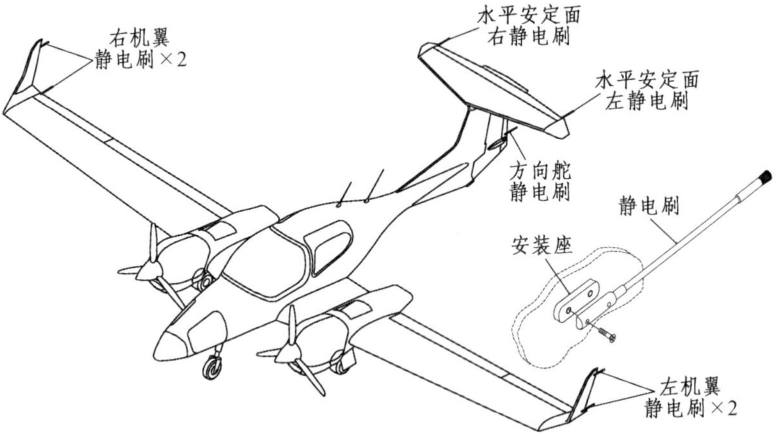

图 9.4　静电放电刷

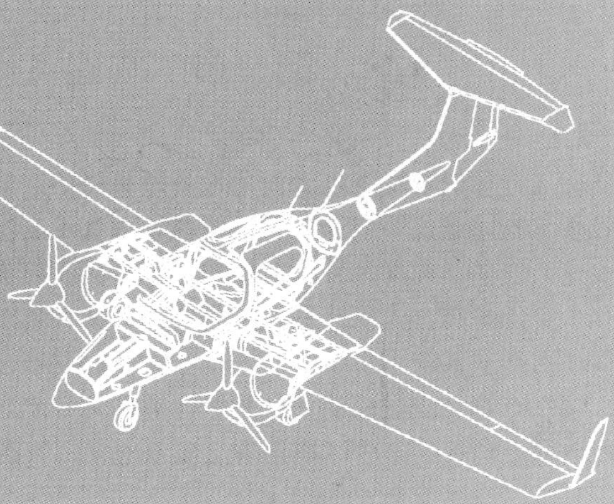

第十章

导航系统

飞机导航系统是可以确定飞机的空间位置并引导飞机按预定航线飞行的整套设备。DA42NG 型飞机拥有完善的传统导航设备与现代导航设备，根据导航方式将这些设备分为基础飞行导航、无线电导航以及 GPS 导航。

第一节　基础飞行导航

基础飞行导航利用飞机上简单设备所提供的数据通过人工计算得出各种导航参数。这些设备包括陀螺仪、空速表、磁罗盘、大气温度探头和高度表等，为驾驶员提供了姿态、空速、航向、高度、升降速度等数据，为飞机提供基本的空间定位数据。随着飞机自动化水平的提高，人工计算发展为自动领航仪自动计算，各种简单仪表也逐渐发展成为航向姿态基准系统（AHRS）和大气数据计算机（ADC）等。

DA42NG 型飞机装配的大气数据计算机（ADC）和姿态航向基准系统（AHRS）将各种导航数据收集并处理成可视化信息显示出来，如图 10.1 所示。

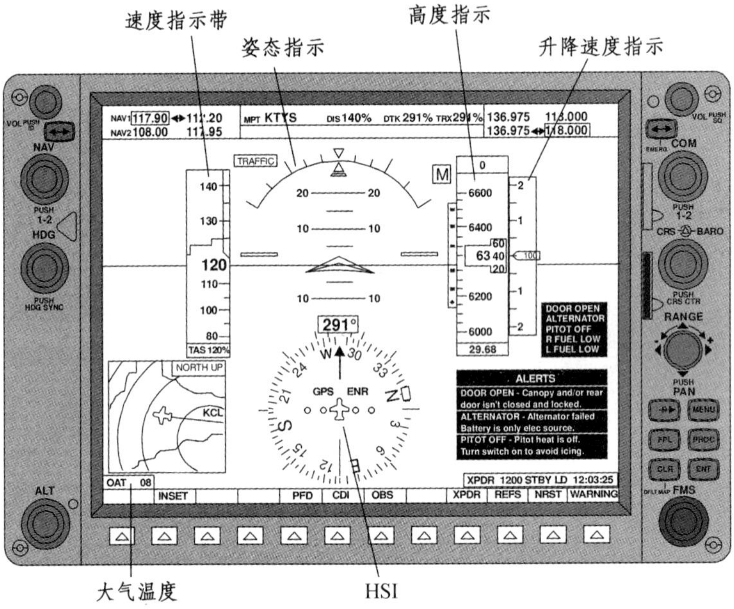

图 10.1

一、空　速

大气数据计算机从全静压系统获得指示空速（IAS），经外界大气温度修正后显示出真空速（TAS）。竖条状速度指示带中间的箭头框内显示指示空速，速度带底部显示真空速，如图 10.2 所示。空速指示器在滚动的数字带上显示空速，速度带每隔 10 kt*标记一位

注：1 kt=1.852 km/h。

数字，每隔 5 kt 标记一个刻度，速度数值从 20 kt 开始显示。

显示指示空速的指针框在正常情况下是黑色的，直到速度达到极限速度（V_{ne}）时变为红色。空速指示带上的彩色条纹代表相应的操作范围，红色代表低速范围（20～62 kt），绿色代表正常操纵范围（68～151 kt），琥珀色代表警告范围（151～188 kt），红白相间的颜色代表进入了极限速度（V_{ne}）188 kt。红色标记线指示单发最小操纵速度（V_{mca}）71 kt，蓝色标记线指示单发最佳爬升速度（V_{yse}）85 kt。

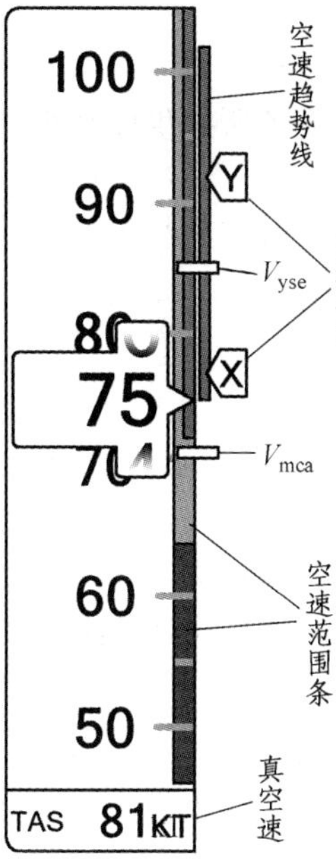

图 10.2　空速显示

速度趋势矢量为一条垂直的紫色直线，当飞机加速或减速时，它出现在速度带的右侧，从空速指针框发起，加速向上延伸减速向下延伸。在恒定的加速率中该矢量线显示了 6 s 后预计到达的空速值。

速度标记（GLIDE、Vr、Vx、Vy、VLE、VO）可以在 References 框内设置（见图 10.3），下一次通电后所有设置都会重置。

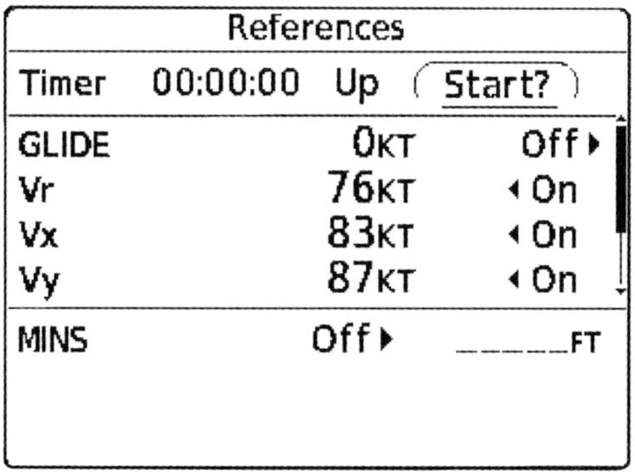

图 10.3　速度标记

二、姿 态

G1000 系统中 GRS 77 组件为飞行提供飞机姿态及飞行参数信息，并与其他组件相交联，从而实现对飞机姿态、航向的显示。GRS 77 组件中集成了先进的倾斜传感器、加速度计和速率传感器。相比较传统的机械陀螺，AHRS 组件中的激光陀螺姿态传感器具有无机械活动部件、无预热时间、不敏感加速度、动态范围宽、数字输出、体积小等优点，而且精度更高，稳定性更好。

俯仰姿态信息显示在虚拟的蓝色天空和带有白色天地线的棕色地面上，姿态指示器显示俯仰、滚转和侧滑信息，如图 10.4 所示。天地线是 0°姿态线，在天地线的上方和下方，每隔 10°（最大 80°）显示一个刻度标记和数字。天地线以上 0°～20°每 2.5°标记一个刻度，20°～50°每 5°标记一个刻度。天地线以下 0°～-20°每 2.5°标记一个刻度，-20°～-30°每 5°标记一个刻度。

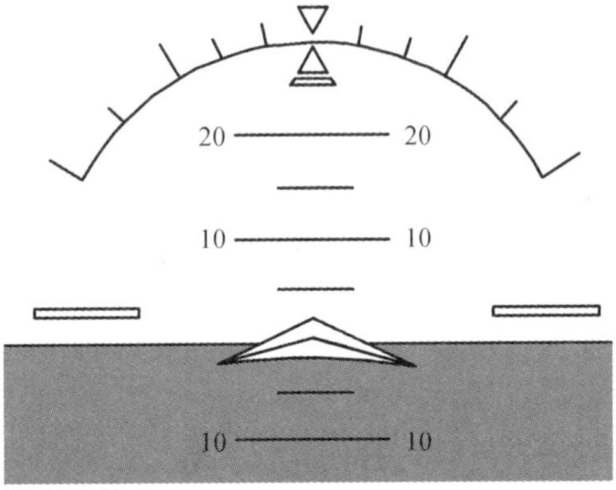

图 10.4 俯仰姿态信息

注意：当刻度大于 50°或小于 30°时，指向地平线的红色 V 形标志会发出极端俯仰的警告，提醒飞行员及时修正，如图 10.5 所示。

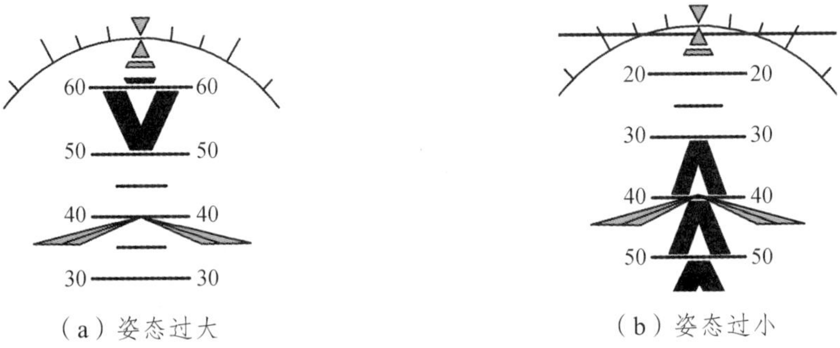

图 10.5 极端俯仰的警告

坡度信息显示在带有刻度的弧线上，倒置的三角形表示坡度为 0°，向两侧依次为 10°、20°、30°（长线）、45°和 60°（长线）。正三角形在弧形刻度线上滑动以指示相应的坡度。侧滑指示是滚动指针下方的横条。指示器随正三角形指针移动，并从指针横向移开，以指示不协调的飞行。侧滑方向的判断与转弯侧滑仪一致。

如果飞机选装了电子稳定和保护系统（Garmin ESP），俯仰和坡度刻度上会出现其他指示。有关 Garmin ESP 的更多信息，请参阅自动驾驶部分。

三、高 度

G1000 系统中全静压组件为大气数据计算机提供静压信息，处理过的数据显示在 PFD 的高度表和升降速度表中。

如图 10.6 所示，高度表信息显示在垂直滚动的刻度带上，刻度的间隔为 20 ft，每 100 ft 标记一个高度数字。指示的高度显示在黑色指针框内；预选高度显示在刻度带的上方，由 ALT 旋钮调整。刻度带上也对应显示了预选高度游标，如果所选高度超出当前显示的高度范围，则游标停靠在刻度带的上缘或下缘；气压基准面显示在刻度带的下方，由 BARO 旋钮设置，单位可在 PFD Opt → Alt Units 中设置为百帕或者英寸汞柱。

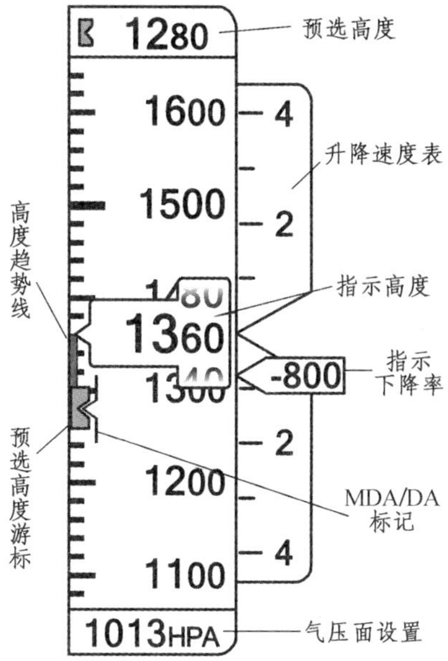

图 10.6 高度显示

紫色的高度趋势线在高度带的左侧向上或向下延伸，末端停留在以当前垂直速度预计在 6 s 内到达高度处。如果高度保持不变，则不会显示趋势向量。

升降速度指示器（VSI）在固定刻度带上显示飞机的垂直速度，每 1 000 ft/min 有一个刻度，数字标注在 2 000 和 4 000 ft/min。当爬升或下降速率大于 100 ft/min 时，指针中出现数字。如果上升/下降速率超过 4 000 ft/min，指针将出现在刻度带的边缘。

四、航 向

G1000 系统中航向指示在 HSI（水平位置指示器）中，GMU 44 磁传感器感应磁场将信号并传输到 GRS79（姿态基准和航向系统），结合倾斜传感器组件处理计算出水平磁场分量以获得飞机磁航向。

如图 10.7 所示 HSI 以平视方向显示旋转罗盘，每隔 30°有字母和数字在刻度盘上标记。大刻度线间隔为 10°，小刻度线间隔为 5°。当前航向的数字读数显示在 HSI 的顶部。

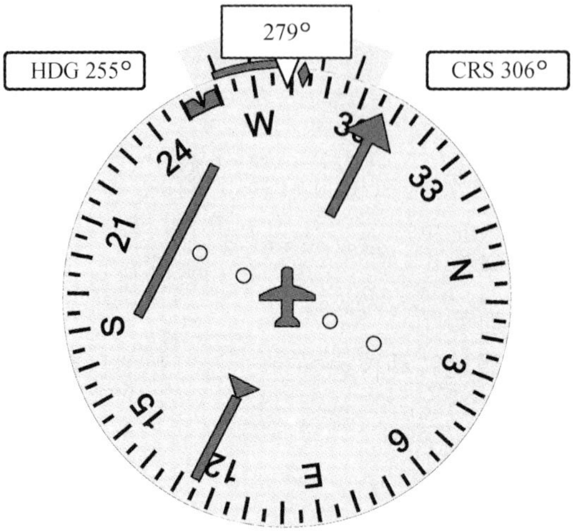

图 10.7 航向显示

预选航向（HDG）窗口在罗盘左上角，并由相应的游标显示在罗盘刻度上。

五、备用仪表

备用仪表包括速度表、姿态仪、高度表、磁罗盘等，如图 10.8 所示。

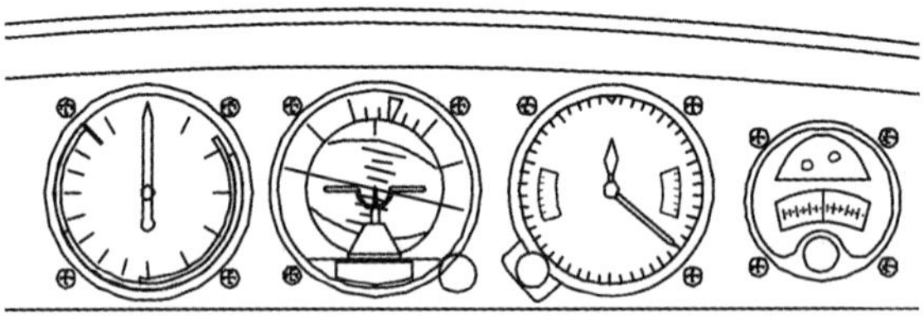

图 10.8 备用仪表

（一）空 速

DA42NG 型飞机有一个常规的机械空速指示器显示飞机相对气流的速度。来自皮托管系统的动态大气压力作用在膜盒组件内侧，而来自静压系统的周围空气压力作用在膜盒组件外侧。膜盒组件一端被固定，另一端连接齿轮传动组件。膜盒组件运动被转化为指针的旋转运动。

（二）姿 态

在备用仪表盘的中间安装有电动姿态陀螺仪（人工地平仪），主汇流条和应急电源都可给其供电。陀螺组件内装一个专用的修正机构，修正机构同时校正陀螺仪俯仰和横滚轴线，需人工复位后才能正确指示。

滚转刻度表示为 0（三角形）、10、20、30、45 和 60 的刻度线，俯仰刻度为一系列刻度值，每个刻度值为 5°、10°等递增。

（三）高　度

DA42NG 型飞机有一个常规的机械高度计指示的是规定气压高度以上的飞机相对高度。来自飞机静压系统的压力作用在密封膜盒组件上，如果飞机高度增加，静压便下降，膜盒组件膨胀。如果飞机高度下降，静压便增加，膜盒组件收缩。膜盒组件一端被固定，另一端与齿轮传动组件连接。膜盒组件运动被转化为指针的旋转运动，于是高度表指示飞机相对高度，单位为英尺。

高度表初始设定值可以通过转动仪表前部小指轮开关进行调节。由此对仪表进行区域气压变化补偿并调节到地平面或海平面以上指示高度。

（四）航　向

DA42NG 型飞机安装有常规磁罗盘，指示飞机相对地球磁北的航向。罗经盆中的液体产生阻尼方便认读刻度，每个刻度为 5°。

第二节　无线电导航

飞机无线电导航是指利用无线电引导飞行器沿规定航线安全到达目的地的技术。由于无线电信号的接收具有方向性，特殊设计的天线与发出信号的电台方向不同，接收信号强弱有很大差别。利用这个原理，可以测出飞机与固定电台的方向、速度等信息，从而确定出飞机的实际位置，算出与规定航线的偏差，由驾驶员或自动驾驶仪操纵飞机消除偏差以保持正确航线。

DA42NG 型飞机装备有完善的无线电导航设备，可实现 NDB 导航、VOR 导航、精密/非精密进近等功能，以及基于 GPS 的星基导航。

一、ADF

（一）简　介

ADF（Automatic Direction Finder，自动定向仪）接收 NDB 台（Non-Directional Beacon，无指向性无线电信标）的信号实施导航定位。NDB 使用 190～1 750 kHz 频率带，通常只附上用 1 020 Hz 进行调幅调变的局部符号。由于 NDB 信号包含有方位数据，所以航空器上若搭载 ADF，可以用 RMI（Rotary Magnetic Indicator，磁气方位指示器）显示机头方向与地面 NDB 台之间的角度关系。方位测定上虽然是使用地表波，但是到了夜间，由于电离层所反射的空间波会增加，所以常会造成误差。此外，雷电所伴随的空电影响也很大。ADF 自动定向仪并不仅仅用于 NDB 导航，也可以作为无线电紧急定位

信标等的定位工具

DA42NG 型飞机采用的是“Becker 3500 remote ADF”，由接收机、RMI 转换器、天线组成。天线位于乘客座椅后下方的机腹右侧，接收机和 RMI 转换器位于后电子设备舱。

（二）ADF 设置

ADF 的设置按键及显示如图 10.9 所示。

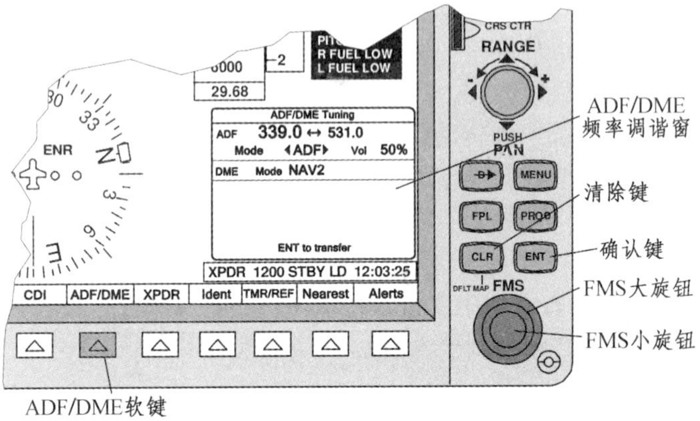

图 10.9　ADF 设置

1. 调谐 ADF 频率

（1）按下“ADF”/“DME”软键以显示“ADF/DME”调谐窗口。

（2）旋转大“FMS”旋钮，将光标置于备用“ADF”频率上。

（3）转动小“FMS”旋钮，开始数据输入并更改每个数字。

（4）旋转大“FMS”旋钮，将光标移动到下一个数字位置。

（5）按 ENT 键完成备用频率的数据输入。

在完成频率输入之前按“CLR”键可取消频率更改并恢复到先前输入的频率。当光标闪烁时，按“CLR”键可清除频率，并将字段替换为 0000.0。

2. 转换主备 ADF 频率

（1）旋转大“FMS”旋钮，将选择光标置于备用频率字段上。

（2）按“ENT”键完成频率转换。

（3）通过按“PFD”软键，然后按“BRG1/BRG2”软键，设置方位指针通过单线（BRG1）或双线（BRG2）指示。

3. 选择 ADF 接收器模式

（1）旋转大“FMS”旋钮，将选择光标置于“Mode”上。

（2）旋转小“FMS”旋钮以选择所需的“ADF”接收器模式。

可选择以下模式：

① ANT（天线）——ADF 轴承指针停在 HSI 上 90°。这是收听 NDB 音频的最佳模式。

② ADF（自动测向仪）——ADF 指针指向 NDB 台的相对方位。

③ ADF/BFO（ADF/差频振荡器）——ADF 指针指向 NDB 站的相对方位，并可接受

莫尔斯电码音频。

④ ANT/BFO（天线/差频振荡器）——ADF 轴承指针在 HSI 上停留 90°，并可接受莫尔斯电码音频。该模式还允许识别中断的载波信标站并确认信号接收。

二、DME

（一）简 介

DME（Distance Measure Equipment）测距仪作为一种无线电设备，被国际民航组织 ICAO 指定为标准化中短距离导航系统。测距仪是一种二次雷达，它允许最多 200 架航空器同时测量它们距地面参考基准（测距仪应答机）的距离。此距离由射频脉冲的传播延时确定。

航空器以地面测距仪台站的接收频率发射编码询问脉冲对，紧接着地面台站以机载接收机的接收频率发射应答脉冲对，接收与应答频率相差 63 MHz。机载设备询问发射和应答接收信号的时间间隔可计算出飞行器和地面台站的实时距离信息，而这些信息飞行员或者领航员可以直接从机载指示器上读出。

DA42NG 型飞机的 DME 由收发机、控制指示器、天线组成。天线位于前排座椅下方的机腹右侧；收发机采用的是“Honeywell KN 63 remote DME”，位于后排乘客座椅下方，通过 PFD 完成控制和显示。

（二）DME 设置

DME 的设置按键及显示如图 10.10 所示。

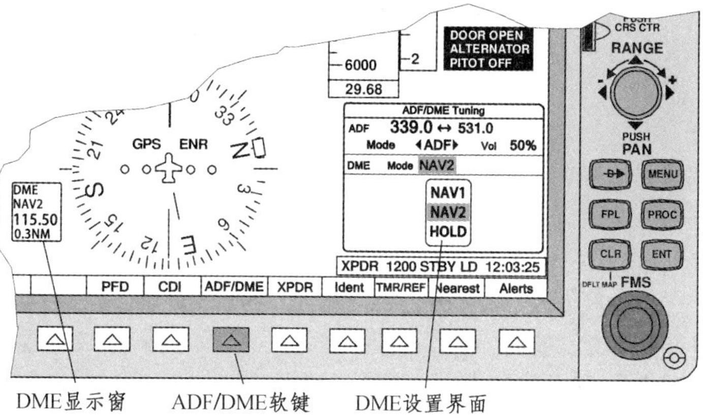

图 10.10 DME 设置

在 ADF/DME 设置界面对可选的 DME 收发器进行调谐。UHF DME 频率通过与 VHF NAV 频率配对来调谐，DME 频率配对是自动的，并且仅显示 VHF NAV 频率。通过在 DME 调谐窗口中选择 NAVL（导航 1）、NAV2（导航 2）或 HOLD（保持）来调谐 DME 收发器，当处于 HOLD 位置时，DME 频率保持与最后选择的 NAV 频率配对。DME 显示窗口位于 HSI 的左侧。

选择 DME 收发器配对：

（1）按“ADF/DME”软键以显示 ADF/DME 调谐窗口。

（2）旋转小“FMS”旋钮以选择 DME 调谐模式。

（3）按“ENT”键完成选择。

在DME配对过程中，按“CLR”键或“FMS”旋钮可取消调谐条目，并恢复到之前选择的 DME 调谐状态。按下“FMS”旋钮可激活/取消激活 ADF/DME 调谐窗口中的光标。

三、VOR/LOC/GS

该系统由接收机（两部 GIA64）、显示器、天线组成。VOR/LOC/GS 共用一个天线接收甚高频信号，再使用耦合器将三种信号分开。接收天线集成在水平安定面内部，不能单独更换。NAV 一部和二部接收机分别集成在综合航电系统 GIA64 的一部和二部中，通过 PFD 来操作和显示。

（一）频率设置

频率设置按键显示如图 10.11 所示。

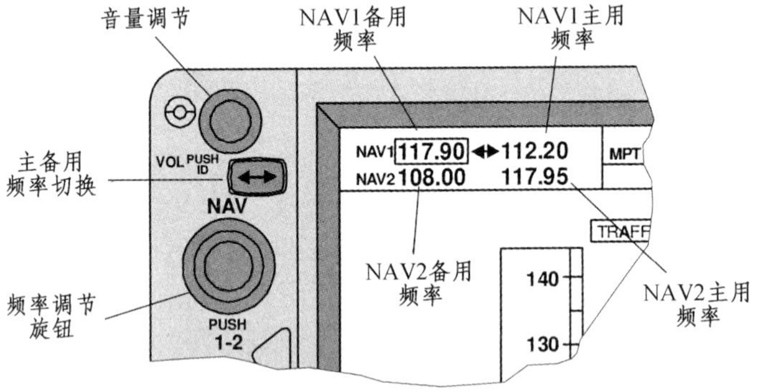

图 10.11　频率设置

（1）主用频率：NAV 频率窗口由 4 个频率组成，2 个 NAV1 和 NAV2 的主用频率位于右侧，正在使用的频率显示为绿色。

（2）备用频率：2 个备用频率在左侧，调谐框选中的备用频率为白色，另一个备用频率为灰色。

（3）调谐频率：按下“NAV”调节旋钮可使调谐框在 NAV1 和 NAV2 之间上下切换；旋转大旋钮可以调节小数点前的数字，旋转小旋钮调节小数点后的数字。按下主备用频率切换键可使调谐框内调谐好的频率切换到主用频率。

（4）VOR/LOC 莫尔斯电码收听：按下音量调节旋钮，白色的 ID 字符会显示在切换箭头处。在音频面板上按下相应的 NAV1/NAV2 按键即可收听主用频率的莫尔斯电码。

（5）音量调整：NAV 收音机音量水平可使用音量调节旋钮从 0 调整到 100%。顺时针旋转旋钮可增大音量，逆时针旋转旋钮可减小音量。调节音量时，备用频率将显示为音量级别。

（6）选择导航源：通过按下位于 PFD 上的 CDI 软键，可以选择导航源。被选择使用的导航频率显示为绿色；按一次“CDI”软键可选择 NAV1（HSI 上显示一个标有 VOR1

或 LOC1 的绿色单线箭头），再次按下“CDI”软键可选择 NAV2（HSI 上显示一个标有 VOR2 或 LOC2 的绿色双线箭头），第三次按“CDI”软键可激活 GPS 模式。再次按下“CDI”软键将循环返回至 NAV1。

（二）指　示

当航线偏差指示器（CDI）显示为绿色航道杆时，则表示当前导航源为 VOR 或 LOC（VOR 与 LOC 的频率段不同可自动识别）。CDI 沿横向偏差刻度从航线指针向左或向右移动，以显示飞机相对于航线的位置，指示偏差的认读与机械 CDI 一致，如图 10.12 所示。如果航向偏差数据无效，则不显示 CDI。

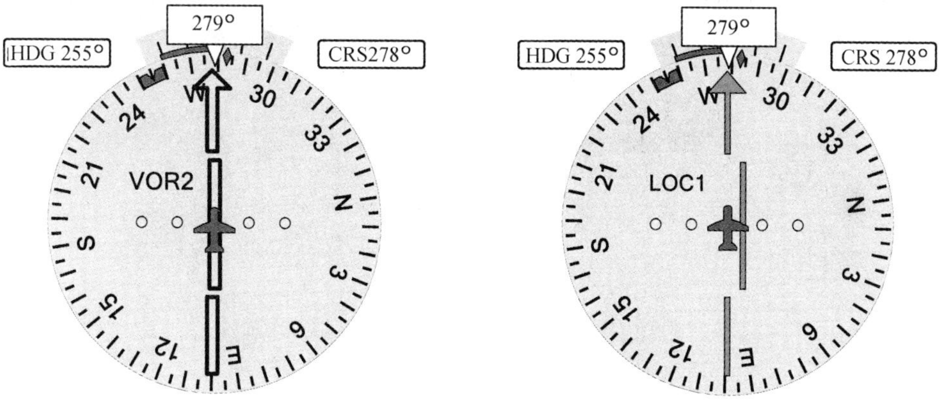

VOR 径向线指示（二部）　　LOC 航向道指示（一部）

图 10.12　指示

当 ILS 频率在主用频率调谐时，下滑道指示器出现在高度表的左侧，如图 10.13 所示。绿色菱形用作下滑道指示器，就像传统指示器上的下滑道指针一样。如果航向信标台频率被调整，并且没有下滑道，则显示“No GS”而不是菱形。

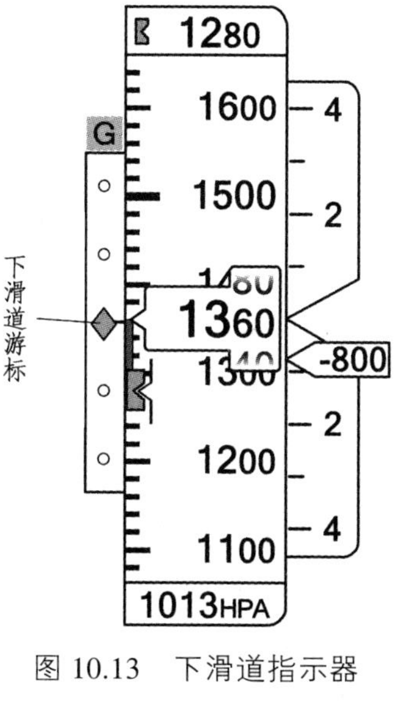

图 10.13　下滑道指示器

四、指点标

DA42NG 型飞机指点信标系统由接收机、指示器、天线组成。天线位于乘客座椅后下方的机腹左侧，接收机集成在 GMA1347 音频面板。

作为仪表进近着陆系统的一部分，指点信标接收器始终开启，并检测飞机接收范围内的任何指点信标信号（75 MHz）。接收机检测三种指点标：外部、中间和内部，并提供位于 PFD 上高度表左侧的标志信标通知，如图 10.14 所示。

音频面板提供三种不同的指点信标操作状态：打开、静音和取消选择。按“MKR/MUTE”键可选择和取消指点信标音频；在指点信标音频接收期间，按下“MKR/MUTE”键可使音频静音，但不会影响指点信标通告，指点标提示音被静音后，等待下一个指点标提示音再次响起。

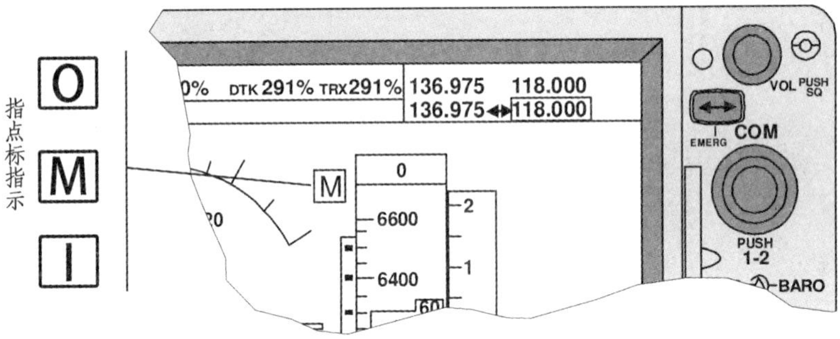

图 10.14　指点标

指点信标信号显示在高度表左侧的 PFD 上。外指点标（0）接收以绿色表示，中间指点标（M）以琥珀色表示，内指点标（I）以白色表示。

五、应答机

应答机系统由收发机、控制指示器、天线组成。天线位于前排座椅下方的机腹左侧；收发机为 G1000 系统的 GTX345R（ADS-B out/in），通过 PFD 底部的软键操作，应答机显示在 PFD 的右下角（见图 10.15），具有 ADS-B 的 out/in 功能。

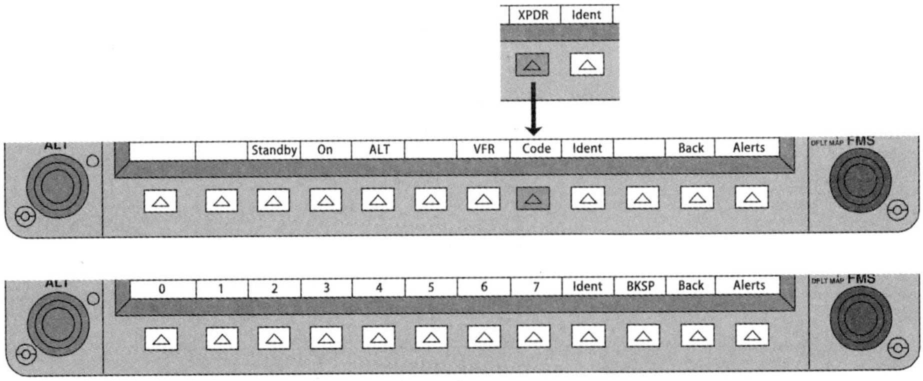

图 10.15　应答机

（一）设置应答机

应答机功能显示在 PFD 上的三个级别的软键上：顶级、模式选择和代码选择。按下顶层 XPDR 软键时，将显示模式选择软键：STBY、ON、ALT、VFR、CODE、IDENT 和 BACK。按下代码软键时，将显示数字软键：0、1、2、3、4、5、6、7、Ident、Bksp 和 Back。数字 8 和 9 不用于编码输入。按顺序按下编号软键可输入应答机编码。如果出现错误，按下“BKSP”软键可将编码选择光标移动到上一位数字。在编码选择期间按下后退软键可恢复到模式选择软键。也可以使用任一PFD上的FMS旋钮输入编码。软键和 FMS 旋钮不能同时使用。在模式或编码选择中按“Ident”软键可启动 Ident 功能并恢复到顶级软键。在应答机控制菜单处于不活动状态 45 s 后，系统将返回到顶层软键。

（二）应答机模式

1. 手动开启模式

按下“On”软键可选择开启模式。选择“开启”模式可启用应答机应答和报文的传输，但传输将不包括高度信息。应答器编码窗中的“ON”指示和应答器代码在空中时显示为绿色，在地面时显示为白色。当应答机在地面状态下运行时，它将禁用对模式 A、模式 C 和模式 S 全呼叫询问的应答，因此飞机将不会出现在其他飞机的交通系统中。

2. 高度模式

可通过按下“ALT”软键选择 ALT 模式。选择 ALT 模式后，应答器编码窗中将出现“ALT”指示。选择 ALT 模式可启用应答机应答和报文的传输。传输将包括压力高度信息。应答机编码窗口的“ALT”指示和应答机编码在空中显示为绿色，在地面显示为白色。当应答机在地面状态下运行时，它将禁用对模式 A、模式 C 和模式 S 全呼叫询问的应答，因此飞机将不会出现在其他飞机的交通系统中。

（三）VFR（目视飞行规则）模式

VFR 代码可以手动输入，也可以通过按“XPDR”软键然后按“VFR”软键来输入。当按下“VFR”软键时，预设的 VFR 代码自动显示在应答器编码窗中的代码字段中。再次按“VFR”软键可恢复以前的应答机编码。预设的 VFR 代码在工厂设置为 1200。

六、GPS 导航

GPS 系统由接收机（两部）、指示器、天线（两部）组成，两部天线位于机身顶部，接收机集成在 GIA64，在 PFD/MFD 上显示相关信息。

CDI 可以显示两个导航源：GPS 或 VOR/LOC，通过 CDI 软件循环切换。颜色表示当前导航源，洋红色表示 GPS。当使用 GPS 为导航源时，CDI 的满偏刻度可以在 MFD 的系统设置里进行设置，更改满刻度偏转设置（2.0 nm、1.0 nm、0.3 nm 或自动）。如果 CDI 超过刻度尺上的最大偏差（两个点），XTK 将显示在白色飞机符号下方。常用的 GPS 导航方式有直飞（Direct-To）导航，飞行计划（FLP）导航。

（一）直飞导航

按下 MFD 控制器或 PFD 上的“DIRECT-TO”键启动 DIRECT-TO 导航方法，在执行导航到单个点（如附近的机场）时，比飞行计划更快。一旦激活直飞，系统就建立从当前位置到所选直达目的地的点到点航线。提供航线引导，直到直飞被新的直飞或飞行计划取代，或被取消。直飞窗口在 PFD 和 MFD 上显示选择的直飞航路点数据。

垂直导航（VNV）创建从当前高度到直飞航路点的选定高度的下降路径（并提供保持在该路径上的引导）。垂直导航基于气压高度，而不是 GPS 高度。

选择直飞点的方式：

（1）在直飞窗口中输入航路点标识符、设施名称或城市作为直达目的地。

（2）在执行的飞行计划页面中选择计划中的航路点作为直达目的地。

（3）选择最近、最近或用户航点作为直达目的地。

（4）选择附近机场作为直达目的地。

（5）在包含所需航路点类型的页面或窗口中选择航路点作为直达目的地。

（6）在“地图—导航地图”页面中，按动操纵杆以显示指针，使用指针选择航路点作为直达目的地

（二）飞行计划导航

系统上的飞行计划包括通过输入一个航路点、沿航路添加航路点以及根据需要插入起飞、航路、到达或进近来建立飞行计划。MFD 或 PFD 都可以输入飞行计划信息。根据航段类型和当前正在飞行的飞行计划航段（起飞、航路、到达、进近或复飞），使用不同的线宽、颜色和类型在地图上显示飞行计划。

最多可以创建 99 个飞行计划，每个飞行计划最多可以有 100 个航路点，并将其存储在存储器中。一次可以激活一个飞行计划，当系统关闭时，激活的飞行计划被删除，当另一个飞行计划被激活时，将覆盖激活的飞行计划。

存储飞行计划时，系统使用当前数据库中的航路点信息来定义航路点。如果数据库已更改或更新，且程序未被修改，则系统会自动更新信息。如果进近、离场或到达程序不再可用，则该程序将从有效的存储飞行计划中删除，并显示警告信息提示需要编辑一个或多个存储飞行计划。无论何时将进近、离场或到达程序加载到现行飞行计划中，都会将一组进近、离场或到达航路点插入到飞行计划中，同时还会插入一行标题，描述飞行员选择的仪表程序。飞行计划的原始航路部分仍然有效。

当发生以下所有情况时，系统会自动从 GPS 切换到 LOC 导航源，并相应地更改 CDI 缩放。

（1）航向信标或仪表着陆系统进近已加载到现行飞行计划中。

（2）最后进近定位点（FAF）是主动航段，FAF 距离小于 15 nmil，且飞机正在飞向 FAF 点。

（3）有效的导航频率已调谐。且 GPS CDI 偏差小于 1.2 倍满刻度偏差。

（三）垂直导航

系统垂直导航（VNV）功能在飞行的途中和终点阶段提供垂直剖面引导。提供基于现行飞行计划中航路点的指定高度或直达航路点的制导。它包括到下降路径的垂直引导，该下降路径能显示出与期望路径的线性偏差。期望路径由连接具有指定高度的两个航路点的线来定义，或者定义为与指定航路点/高度的垂直角度。垂直导航航路点被整合到现行飞行计划中，支持手动和自动驾驶制导。

该系统可以使用与水平航路点相关联的高度限制来为垂直导航提供指导。根据具体情况，这些高度是手动输入的或从导航数据库中公布的高度中检索的。

与进近程序相关的高度是“自动指定的”。这时系统自动使用加载了进近程序的高度来提供垂直速度和偏差引导。请注意，这些高度显示为绿色，但不包括 FAF。FAF 始终是“仅供参考”的高度，不能指定，除非所选进近程序不提供垂直制导。在这种情况下，可以指定 FAF 高度。

高度限制在添加到飞行计划后可以修改或删除。如果删除了高度限制，并且导航数据库包含水平航路点的高度限制，则系统将显示数据库中的高度限制。

七、导航天线

图 10.16 和图 10.17 标记了导航系统相关的外部天线位置，机头处的 GPS 天线是中国民航飞行学院为 DA42NG 型飞机加装的 ADS-B 978 MHz 频率的外置天线，其控制器安装在前行李舱。

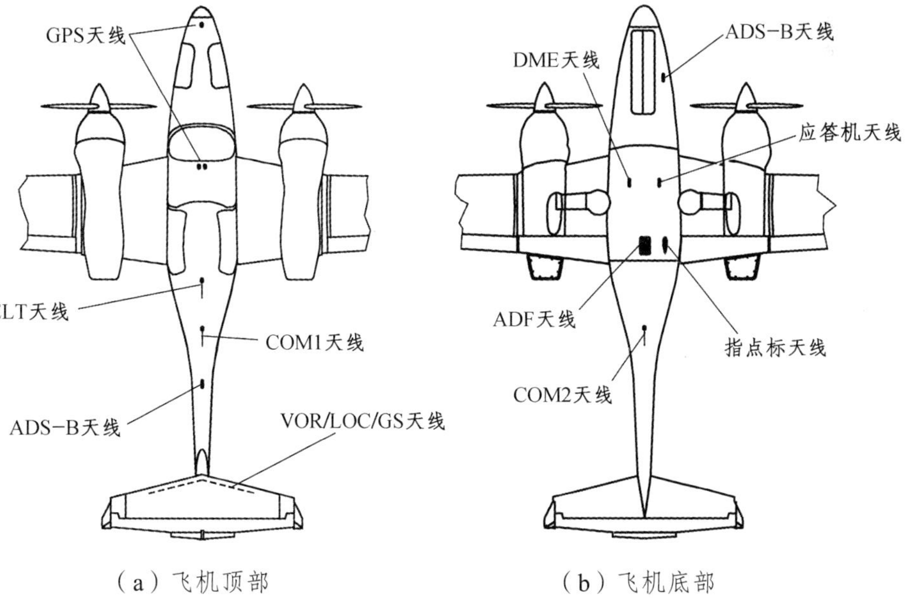

图 10.16　导航天线（一）

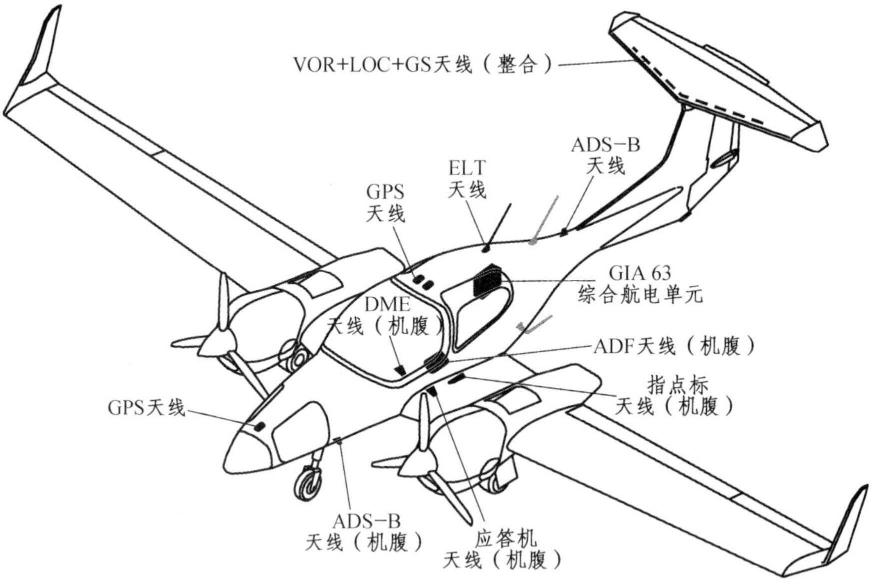
VOR+LOC+GS天线（整合）
ADS-B
天线
ELT
天线
GPS
天线
GIA 63
综合航电单元
DME
天线（机腹）
ADF天线（机腹）
指点标
天线（机腹）
GPS天线
ADS-B
天线（机腹）
应答机
天线（机腹）

图 10.17　导航天线（二）

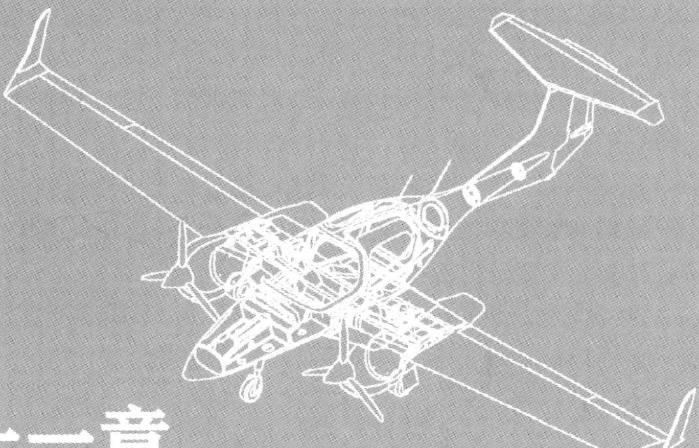

第十一章

AFCS 自动飞行控制系统

DA42NG 型飞机选装的是 GFC 700 自动飞行控制系统，该系统为数字式飞行控制系统，可提供横滚、俯仰、俯仰配平和偏航操纵与高度控制。系统由以下部件组成：飞行指引（Flight director，集成在 Garmin G1000 系统中）、GSA 81 横滚伺服机构、GSA 81 俯仰伺服机构、GSA 81 俯仰配平伺服机构、GSA 80 偏航伺服机构，如图 11.1 所示。

GSA 81 横滚伺服机构位于右侧后主隔框背面铝制安装板上，两个铝夹连接操纵索到副翼推杆。

GSA 81 俯仰伺服机构位于机身行李舱隔框的后面铝制安装板上，两个铝夹连接操纵索到升降舵的控制杆。

GSA 81 俯仰配平伺服机构位于副驾驶的座位下方铝板制成的安装板和由玻璃纤维复合材料制成的安装支架上。伺服机构的转动通过一个在伺服机构上的链条齿轮、链条、一个万向轴和一个链条齿轮接到右侧的配平轮。

GSA 80 偏航伺服机构位于乘客座位下，不锈钢和碳纤维复合材料制成的安装支架上，一个操纵索连接在方向舵操纵索的两个松紧螺套上。

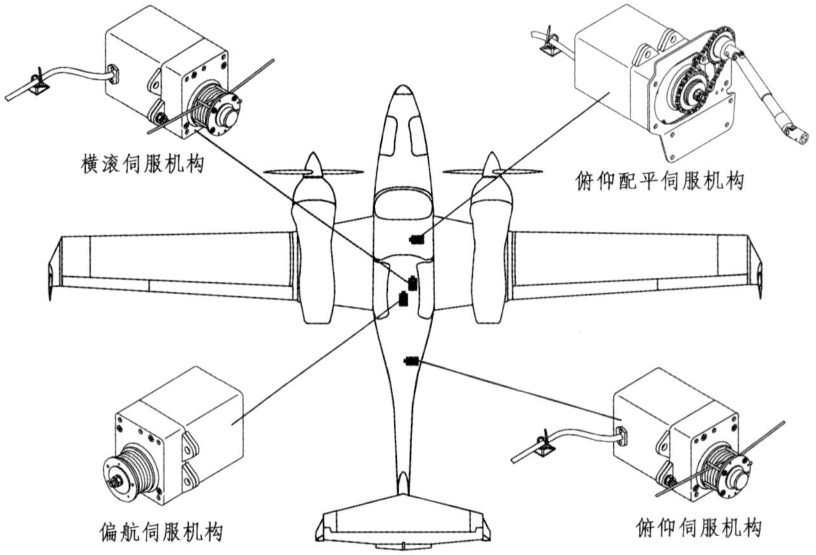

图 11.1　AFCS 自动飞行控制系统组成

GFC700 自动飞行控制系统横滚轴线特性包括机翼水平，航向选择和 VOR/ LOC 截获和跟踪。GFC700 耦合了 G1000 系统的导航信息，从航向姿态基准系统获得姿态信息。俯仰轴线特性包括垂直速度、飞行高度变化、下滑高度和高度保持以及可选的高度预选。俯仰信息从航向姿态系统和大气数据计算机处理得到。GFC700 自动驾驶系统的内部监控保持轨迹状态不变，在发生故障时可以让自动驾驶仪或配平系统自动关机的功能。

自动飞行控制系统具有以下主要操作功能：

（1）飞行指引（FD）：显示在 PFD 上，可以提供显示俯仰/滚转制导、俯仰/滚转模式选择和处理、自动驾驶仪通信。

（2）自动驾驶仪（AP）：通过俯仰、滚转和俯仰配平伺服系统进行操作，根据飞行指引的操作命令、AHRS 姿态和速率信息以及空速的信息，提供伺服监控和自动飞行控制。

（3）偏航阻尼器（YD）：偏航伺服是自监测的，根据偏航率、滚转角、垂直加速度和空速的信息，提供荷兰滚阻尼和转弯协调。

（4）手动电动配平（MET）：俯仰配平伺服系统在自动驾驶仪未接通时，通过同一个伺服机构提供手动/电动配平能力。

第一节　系统控制

一、控制开关

控制开关如图 11.2 所示。

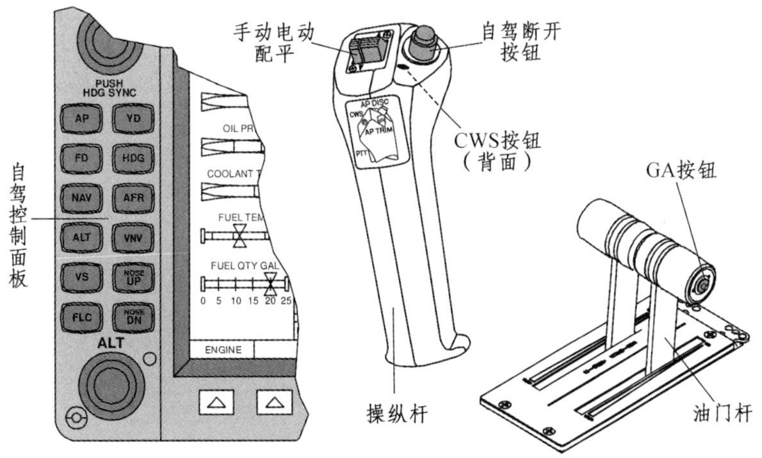

图 11.2　控制开关

（1）AP 键：断开/接通自动驾驶仪。

（2）FD 键：激活/取消飞行指引，当自驾接通时该按键无效。

（3）NAV 键：选择/取消导航模式。

（4）ALT 键：选择/取消高度保持模式。

（5）VS 键：选择/取消升降速度模式。

（6）FLC 键：选择/取消高度层改变模式。

（7）YD 键：接通/断开偏航阻尼器。

（8）HDG 键：选择/取消航向选择模式。

（9）APR 键：选择/取消进近模式。

（10）VNV 键：选择/取消垂直导航模式。

（11）NOSE UP 键：PITCH 模式增大俯仰姿态；VS 模式向上调整垂直速度矢量；FLC 模式减小爬升速度。

（12）NOSE DN 键：PITCH 模式减小俯仰姿态；VS 模式向下调整垂直速度矢量；FLC 模式增大爬升速度。

（13）手动电动配平：该组合开关由左右两个平行开关组成，左侧开关为配平预位，右侧开关控制前后转动方向。在未接通自驾时控制俯仰配平，在接通自驾时操作会使自驾断开，再次操作可静音警告音。

（14）自驾断开按钮：断开自动驾驶仪和自动配平，再次按压可静音自驾断开警告。左右操纵杆都装有此键。

（15）CWS 按钮：按住此按钮，允许在自动驾驶仪接通时手动控制飞机，并使飞行指引仪的指令条与当前飞机的俯仰（如果不是下滑道模式）和滚转（如果是滚转保持模式）同步。

（16）GA 按钮：在左侧油门上，按压后断开自动驾驶仪，飞行指引进入起飞（地面）或复飞（空中）模式。

二、飞行指引操作

（一）飞行指引

飞行指引功能向 AFCS 提供俯仰和滚转指令，并将其显示在 PFD 上，如图 11.3 所示。激活飞行指引后，飞机可以手动飞行，以遵循指引条显示的路径。最大指令俯仰角（-15°/+16°）和滚转角（22°）。

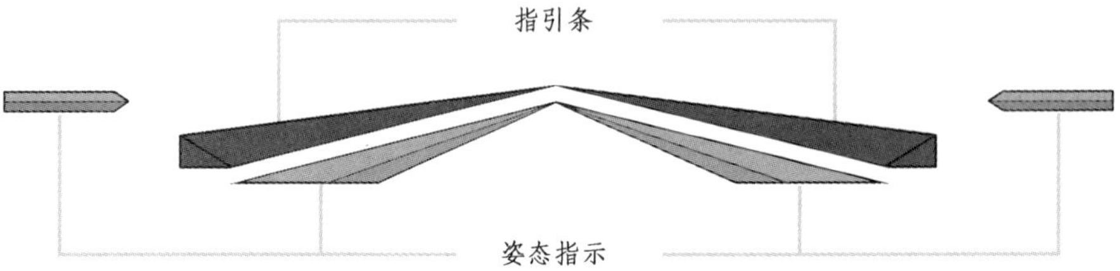

图 11.3　飞行指引

在激活飞行指引仪时，指引条在 PFD 上显示为紫色提示。指引条垂直移动以指示俯仰命令，左右倾斜以指示滚动命令。指引条不会覆盖飞机符号（黄色）。如果发送给飞行指引的姿态信息变得无效或不可用，指引条则从显示器中消失。如果俯仰超过+30°/−20°或倾斜超过 65°，飞行指引条也会消失。

（二）激活指引

当飞行指引仪未激活时，首次按下表 11.1 中列出的键，可激活所列模式下的飞行指引。通过再次按下“FD”键，可以关闭飞行指引仪，并从显示器上删除指引条。当自动驾驶仪接合时，“FD”键被禁用。

表 11.1　激活指引

控制按键	模式选择			
	水平方向		垂直方向	
FD 键	坡度保持（默认）	ORL	俯仰保持（默认）	PIT
AP 键	坡度保持（默认）	ORL	俯仰保持（默认）	PIT
CWS 按钮	坡度保持（默认）	ORL	俯仰保持（默认）	PIT
GO-AROUND 按钮	起飞（地面） 复飞（空中）	TO GA	起飞（地面） 复飞（空中）	TO GA
ALT 键	坡度保持（默认）	ORL	高度保持	ALT
VS 键	坡度保持（默认）	ORL	垂直速度	VS
VNV 键	坡度保持（默认）	ORL	垂直导航	VPTH
NAV 键	导航模式	GPS VOR LOC BC	俯仰保持（默认）	PIT
APR 键	进近模式	GPS VOR LOC	俯仰保持（默认）	PIT GP GS
HDG 键	航向模式	HDJ	俯仰保持（默认）	PIT

飞行指引使用规则：

（1）飞行指引的水平模式和垂直模式是独立选择的，除非另有说明，否则所有模式的按键开关均为交替操作（即按下打开再按关闭）。

（2）没有特定模式选择的情况下，飞行指引处于默认的俯仰和滚转模式。

（3）当关闭已激活的指引模式时，飞行指引恢复到该导航方向的默认模式。

（4）如果计算飞行指引所需的信息变得无效或不可用，则飞行指引仪自动恢复到该轴的默认模式。

（5）在按下“VNV”键激活飞行指引仪之前，必须输入有效的 VNV 飞行计划。

（6）在按下“NAV”或“APR”键激活飞行指引仪之前，所选导航接收机必须具有有效的 VOR 或 LOC 信号或有效的 GPS 航向。

（三）AFCS 状态框

当飞行指引激活时，飞行指引模式通告显示在 PFD 上，如图 11.4 所示。自动驾驶仪状态显示在 AFCS 状态框的中央。水平模式显示在左侧，垂直模式显示在右侧。预位模式显示为白色，活动模式显示为绿色。从待命模式到激活模式的自动转换，由白色的待命模式指示移动到绿色的激活模式字段，并闪烁 10 s 钟来表示。

如果飞行指引所需的信息变得无效或不可用，则飞行指引自动恢复到该导航轴的默认模式。闪烁的黄色模式通知和信号灯指示相应的导航数据（VOR、LOC、GPS、VNV、SBAS）丢失。当这种情况发生时，系统根据受影响的导航轴自动开始使机翼水平滚转（进入滚转保持模式）或保持俯仰角（进入俯仰保持模式）。当按下“受影响模式”键或选择该导航轴的另一模式时，闪烁通知停止。如果 10 s 后未采取任何措施，则闪烁通知停止。

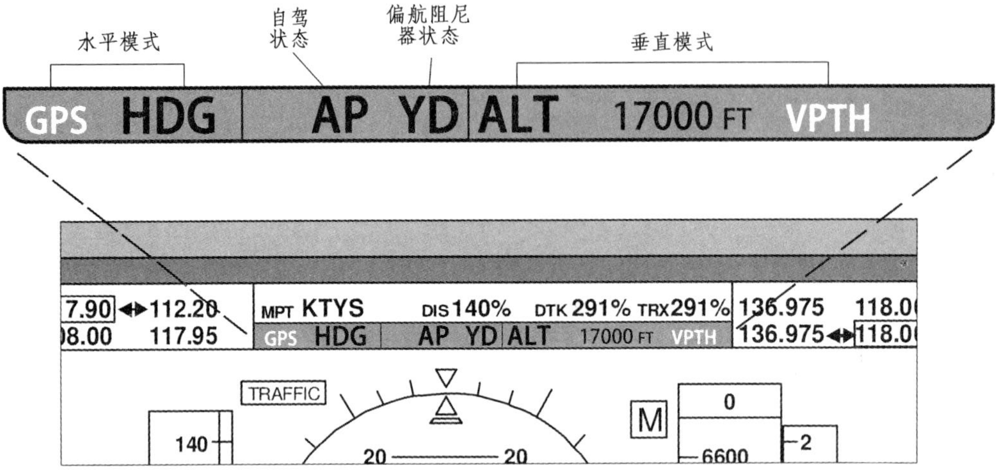

图 11.4　AFCS 状态框

三、自动驾驶仪和偏航阻尼器操作

（一）伺服系统

自动驾驶仪和偏航阻尼器操作飞行控制面伺服系统，以提供自动飞行控制。自动驾驶仪根据从飞行指引接收的指令控制飞机的俯仰和滚转姿态。俯仰自动调整向俯仰配平伺服机构提供调整命令，以减轻俯仰伺服机构的任何持续操纵力。偏航阻尼器减少荷兰滚趋势并协调转弯。伺服电机被限制了最大伺服速度和扭矩。伺服支架配备有设置为特定值的滑动离合器。这允许在紧急情况下施加超越伺服系统的手动操纵力。

（二）俯仰和俯仰配平

自动驾驶仪俯仰轴使用俯仰速率来稳定受扰动期间的飞机俯仰姿态和飞行指引操作。飞行指引俯仰指令是受速率和姿态限制的，与俯仰阻尼器控制相结合，并发送到俯仰伺服电机。俯仰伺服机构测量输出作用力（扭矩），并将该信号提供给俯仰配平伺服电机。俯仰配平伺服机构控制舵机调整俯仰伺服作用力。

当自动驾驶仪未接通时，俯仰配平伺服可用于提供手动电动配平。这允许使用操纵杆上的配平开关而不是配平轮来配平飞机。仅当同时操作配平开关的两个子开关时，才会生成配平命令。配平速度会参考空速，以提供更均匀的响应。

1. 横侧滚转

在气流扰动和飞行指引仪机动期间，自动驾驶仪滚转轴使用滚转速率来稳定飞机的滚转姿态。飞行指引的滚转指令是受速率和姿态限制的，与滚转阻尼器控制相结合，并发送到滚转伺服电机。

2. 偏航阻尼器

偏航阻尼器利用偏航速率和滚转姿态来抑制飞机自然产生的荷兰滚趋势。它还使用横向操纵来协调转弯。偏航阻尼器的操作与自动驾驶仪的接通无关，可单独打开。

（三）接通自动驾驶

当按下“AP”键时，自动驾驶仪、偏航阻尼器和飞行指引仪（如果尚未激活）同时被激活，自动驾驶仪和偏航阻尼器的 AFCS 状态框上显示绿色的“AP”和“YD”字符，如图 11.5 所示。最初激活时，飞行指引进入俯仰和滚转保持模式。

当按下“YD”键时，系统独立于自动驾驶仪接通偏航阻尼器，并且偏航阻尼器绿色“YD”字符显示。

图 11.5　接通自动驾驶

（四）CWS 驾驶杆操控

在自动驾驶仪接通期间，飞机可以在不脱离自动驾驶仪的情况下手动飞行。按下“CWS”按钮并保持，使俯仰和滚转伺服系统与飞行控制面脱离，并允许飞机进行手动飞行。同时，在机动过程中，飞行指引仪与飞机姿态同步。CWS 活动对偏航阻尼器的接合没有影响。在 CWS 机动期间，绿色“AP”字符临时替换为白色的“CWS”字符，如图 11.6 所示。

图 11.6　驾驶杆操控

（五）自动驾驶断开

（1）按下自动驾驶控制面板上的“AP”开关、驾驶杆上的手动电动配平开关或自动驾驶断开按钮，可手动断开自动驾驶仪。手动断开由 5 s 闪烁的黄色“AP”字符显示和 2 s 自动驾驶仪断开听觉警报指示，如图 11.7 所示。手动断开后，可通过按下手动电动配平开关或自动驾驶断开按钮（自驾断开按钮也可取消闪烁的“AP”通告）来取消自动驾驶仪断开听觉警报。

图 11.7　自动驾驶断开

（2）“YD”键或自动驾驶断开按钮可用于分离偏航阻尼器。断开后“YD”字符变为黄色并闪烁 5 s，如图 11.8 所示。

图 11.8　分离偏航阻尼器

（3）自动驾驶仪断开时，会出现闪烁的红色底色和白色“AP”字符，并发出自动驾驶仪断开听觉警报指示。该警报一直持续直到通过按下自驾断开开关或手动电动配平开关确认。发生自动驾驶仪脱离的原因有：

① 系统故障。

② 传感器数据无效。

③ 失速警告。

④ 无法计算默认飞行指引仪模式（FD 也会自动脱离）。

偏航阻尼器脱离由 5 s 闪烁的黄色“YD”指示，如图 11.9 所示。在自动驾驶仪自动断开的某些情况下，偏航阻尼器可以保持运行。但是当自动驾驶仪断开是由偏航阻尼器的参数故障引起时，则会发生偏航阻尼器一起脱离。

图 11.9　偏航阻尼器脱离

第二节　AFCS 模式

自动飞行控制系统能够在各种独立的垂直模式、横向模式以及垂直和横向模式的组合模式下运行。

一、垂直模式

表 11.2 列出了垂直模式及其相应的控制和显示。响应的参数选择显示在高度保持、垂直速度和高度改变模式的激活模式显示旁边。当在俯仰保持、垂直速度或高度改变模式下操作时，机头向上/向下键可用于改变垂直参数的选择。

表 11.2　垂直模式和控制显示

模式	描述	控制	显示	参考范围	单位变化量
俯仰保持模式	保持当前俯仰姿态，可用于爬升或下降至预选高度	（默认）	PIT	−15° ~ +16°	0.5°
高度截获模式	截获预选高度	*	ALTS		
高度保持模式	保持当前高度	ALT 键	ALT nnnnn H		
垂直速度模式	保持稳定的垂直速度，可用于爬升或下降至预选高度	VS 键	VS nnnn FPM	−3 000 ~ +1 500 ft/min	100 ft/min
高度层选择模式	在爬升或下降至预选高度时，保持固定的指示空速	FLC 键	FLC nnn KT	90 ~ 180 kt	1　kt

（一）俯仰保持模式（PIT）

当飞行指引仪被激活时（按下“FD”键），俯仰保持模式被默认选择。俯仰保持模式通过“PIT”绿色字符显示在状态框内。该模式可用于爬升或下降到选定的高度，因为当俯仰保持模式激活时，选定的高度截获模式自动进入预位状态。

在俯仰保持模式下，飞行指引保持恒定的俯仰姿态，即俯仰基准。俯仰基准设置为模式选择时的飞机俯仰姿态。如果飞机俯仰姿态超过飞行指引俯仰指令限制，飞行指引会引导飞机俯仰保持相应向上/向下的最大限制俯仰（−15°或+16°）。

改变保持的俯仰姿态：

（1）通过“NOSE UP/NOSE DN”上下调整需要保持的姿态。

（2）按住 CWS 按钮，手动操纵飞机建立新的俯仰姿态，然后松开按钮。

（二）高度截获模式（ALTS）

高度截获模式会在以下几种模式下自动预位：

（1）俯仰保持模式（PIT）。

（2）垂直速度模式（VS）。

（3）高度改变模式（FLC）。

（4）起飞/复飞模式（TO/GA），预选高度至少高于当前高度 400 ft。

（5）垂直导航模式（VPTH），要截获的高度应是预选高度，而不是 VNV 目标高度。

白色的“ALTS”字符表示高度截获模式已预位。“ALT SEL”旋钮用于设置预选高度（显示在高度表上方），直到高度截获模式激活。当飞机接近选定的高度时，飞行指引自动激活高度截获模式。这种激活由绿色的“ALTS”字符闪烁 10 s 和白色的“ALT”预位字符来表示。预选高度字符显示在绿色“ALTS”旁。

在距离所选高度 50 ft 处。飞行指引自动从高度截获模式转换到高度保持模式（ALT），并保持预选高度。当高度保持模式激活时，白色的“ALT”字符移动垂直模式区，并变为绿色闪烁 10 s，表示已完成转换。

（三）高度保持模式（ALT）

随时按“ALT”键可激活高度保持模式，飞行指引将当前飞机高度（向最接近的 10 ft 取整）保持为高度基准。飞行指引的高度基准数值（显示在 AFCS 状态框中）与预选高度数值（显示在高度表上方）无关。高度保持模式激活由 AFCS 垂直模式框中的绿色“ALT”字符指示。

改变高度基准：按下“CWS”按钮，飞机可以手动飞行到新的高度。当在所需高度释放“CWS”按钮时，此高度被建立为新的高度基准。

（四）垂直速度模式（VS）

在飞机改变高度时按下“VS”键，飞行指引可获取并保持此时的垂直速度基准（向最接近的 100 ft/min 取整）。该模式可用于爬升或下降至预选高度，因为当选择垂直速度模式时，高度截获模式自动进入预位状态。

当通过按下“VS”键激活垂直速度模式时，AFCS 状态框中的绿色“VS”字符与垂直速度基准数值一起显示为绿色。垂直速度基准也显示在升降速度指示器上方。与垂直速度基准相对应的标记显示在升降速度指示器上。

改变垂直速度基准：

（1）通过“NOSE UP/NOSE DN”上下调整需要保持的垂直速度。

（2）按住“CWS”按钮，手动操纵飞机建立新的垂直速度，然后松开按钮。

（五）高度改变模式（FLC）

按下“FLC”键选择高度改变模式。该模式在爬升或下降到预选高度时获取并保持固定的空速基准。当高度层改变模式激活时，飞行指引连续监视预选高度、空速和当前高度。

空速基准设置为模式激活时的空速。高度改变模式由 AFCS 状态框中的绿色“FLC”字符指示，空速基准数值显示在“FLC”字符旁。空速基准数值也显示在空速表的正上方，并沿速度带显示与空速基准相对应的标记。

飞机平飞时激活高度改变模式，飞行指引仪保持当前高度，直到发动机功率或空速基准被调整；须调整合适的发动机功率，以允许自动驾驶仪在保持空速基准的同时，使飞机以对应于所需飞行剖面的俯仰姿态飞行。

禁止使用不对应的功率使飞机爬升或下降并远离所选高度。

改变空速基准：

（1）通过 NOSE UP/NOSE DN 上下调整需要保持的空速。

（2）按住“CWS”按钮，手动操纵飞机建立新的空速，然后松开按钮。

二、横侧模式

表 11.3 将每个 AFCS 横侧模式与其各自的控制和显示联系起来。有关复飞和起飞模式的信息，请参阅“组合模式”部分。

表 11.3　水平模式控制和显示

模式	描述	控制	显示	坡度限制
坡度保持模式	保持飞机当前坡度或使机翼水平（取决于当时坡度的大小）	（默认）	ROL	25°
航向选择模式	就近转向并维持预选航向	HDG 键	HDG	25°
GPS 导航模式	切入并保持选择的导航航路（GPS，VOR，LOC）	NAV 键	GPS	25°
VOR 导航模式			VOR	25°初入 10°保持
航向道模式（无下滑道）			LOC	25°初入 10°保持

（一）坡度保持模式（ROL）

当飞行指引仪激活时，自驾默认选择坡度保持模式，该模式在 AFCS 状态框中显示为绿色“ROL”字符。激活后，根据当前坡度以确定飞机的坡度基准，见表 11.4。

表 11.4　坡度保持模式

当前坡度	飞行指引响应
＜6°	使机翼水平
6° ~ 25°	保持当前坡度
＞25°	将坡度限制为 25°

调整坡度基准：

按下“CWS”按键可以改变坡度基准，建立所需坡度后松开“CWS”按钮以保持坡度基准盘旋，最大不超过 25°。

（二）航向选择模式（HDG）

按“HDG”键可激活航向选择模式。航向选择模式转向并保持选定的航向。所选航向在 HSI 上和 HSI 左上角的框中显示为绿色游标和数字。自驾状态框的水平区域内显示绿色的“HDG”字符。

使用“HDG”旋钮调整选定的航向。按下“CWS”按钮并手动驾驶飞机不会改变所选的航向。释放“CWS”按钮后，自驾引导飞机返回到选定的航向。

注意：即使航向游标从当前航向旋转超过 180°（如向右旋转 270°），自驾也会在与航向游标移动相同的方向上转弯。然而，一次超过 330°的预选航向变化会导致自驾操纵飞机反向转弯。

（三）导航模式（GPS、VOR、LOC）

按下“NAV”键可选择导航模式。导航模式获取并跟踪选定的导航源信号（GPS、VOR、LOC）。当 GPS 是选定的导航源时，飞行指引遵循 GPS 滚转操纵指令。当导航源为 VOR 或 LOC 时，飞行指引根据选定的航道和偏差创建滚转操纵命令。导航模式也可用于飞行不需要垂直制导的非精确 GPS 和 LOC 进场。当按下导航键时，如果航向偏差指示器（CDI）显示大于一个点，则所选模式处于预位状态。如果 CDI 显示少于一个点，则按下导航键时会自动截获航道。

如果导航模式处于激活状态，并且发生以下情况之一，则飞行指引仪将恢复到坡度保持模式：

（1）在 VOR 导航模式下调谐不同的 VOR（VOR 导航模式恢复到预位）。

（2）手动切换导航源（使用“CDI”软键）。

（3）在 LOC/ILS 进近期间，在导航源自动从 GPS 切换到 LOC 后，在 GPS 导航模式下越过 FAF 点。

如果导航源是 VOR 或 LOC，或者在使用 GPS 时启用了 OBS 模式，则可以使用“CRS”旋钮控制所选航线。在导航模式下，按下“CWS”按钮并手动驾驶飞机不会改变所选航线。当松开“CWS”按钮时，自动驾驶仪引导飞机返回到选定的航线（或 GPS 飞行计划）。

三、组合模式

表 11.5 列出了通过同时使用垂直和横侧模式，及其相应的控制和显示进行操作的模式。

表 11.5　组合模式

模式	描述	控制	显示	最大偏转限制	参考值
垂直导航	截获并跟随一个激活的垂直飞行计划	VNV 键	VPTH		
VNV 目标高度截获	截获垂直导航目标高度	*	AUV		
GP 下滑模式	进近时截获并跟随SBAS下滑道	APR 键	GP		
GS 下滑模式	进近时截获并跟随 JLS 下滑道		GS		
反航道进近模式	截获并跟随反向进近的航道信号	BC 键	BC	25°	
GPS 进近模式	截获并跟随所选导航源引导的航向道	APR 键	GPS	25°	
VOR 进近模式			VAPP	25°	
LOC 进近模式			LOC	25°	
起飞模式	地面状态时命令飞机保持机翼水平以及恒定的仰俯角	GO-AROUND 按钮	TO		6°
复飞模式	空中状态时命令飞机保持机翼水平以及恒定的仰俯角	GO-AROUND 按钮	GA		6°

（一）垂直导航（VPTH、ALTV）

垂直导航（VNV）飞行控制可用于航路/终端巡航和下降操作，需要相应的 VNV 飞行计划可用。

实施垂直导航需要满足以下条件：

（1）所选导航源为 GPS。

（2）VNV 飞行计划（至少有一个高度限制的航路点）或垂直直飞处于激活状态。

（3）VNV 已启用（按下 MFD 上的“VNV”软键）。

（4）航迹误差在一定范围内。

（5）有效航路点的 VNV 目标高度不超过当前飞机高度以上 250 ft。

1. 垂直航迹跟踪模式（VPTH）

当 VNV 飞行计划激活且按下 VNV 键时，垂直航迹跟踪模式处于预位状态，为截获下降航迹做准备。“VPTH”字符除了先前处于待命状态的模式外，还以白色显示。如果可应用，则激活适当的高度截获模式，以截获下一个 VNV 目标高度（ALTY）或所选高度（ALTS），以较大者为准。

在垂直航迹拦截之前，必须将所选高度设置为低于当前飞机高度至少 75 ft。为了使飞行指引从高度保持转换到垂直航迹跟踪模式，需要在下降航迹截获的 5 min 内通过以下方式进行确认：

（1）按下“VNV”键。

（2）调整预选高度。

如果在垂直航迹截获的1 min内未收到确认，则白色“VPTH”通告开始持续闪烁，直到确认或垂直航迹被截获。如果在截获时间内未确认下降，则垂直航迹跟踪模式保持预位状态，并且不控制下降。与导航状态框中的“1 分钟内 TOD”通告和“垂直航迹”语音消息一起，VNV 指示（所需的 VNV 目标高度、垂直偏差和垂直速度）以紫色标记显示在PFD上。

2. 目标高度截获模式（ALTS）

VNV 目标高度截获（ALTV）类似于预选高度截获模式（ALTS），在按下“VNV”键后自动激活，并且在选定的高度之前拦截下一个 VNV 目标高度。通告“ALTV”字符标识将要捕获的 VNV 目标高度。VNV 目标高度显示在现行飞行计划或垂直直飞中，可手动输入或从数据库加载。在导航状态框中显示“1分钟内TOD”的同时，激活VNV目标高度显示在升降速度表上方。

当飞机接近VNV目标高度时，飞行指引自动转换到VNV目标高度捕获模式，并预位高度保持模式。这种自动转换由绿色的“ALTY”指示闪烁 10 s，并出现白色的“ALT”指示。VNV 目标高度显示为“ALTY”字符旁边的高度参考，并持续显示在升降速度表上方。一旦VNV目标高度截获模式激活，所需的垂直速度指示（RVSI）将被移除。

在距离VNV目标高度50 ft处，飞行指引自动从VNV目标高度截获转换到高度保持模式，并跟踪水平航段。当高度保持模式激活时，白色的“ALT”字符移动到激活的垂直模式区，并以绿色闪烁 10 s，以表示自动转换。飞行指引仪自动启动垂直路径跟踪（VPTH），等待截获即将到来的下一个下降航段。

（二）GP下滑道模式（GP）

GP下滑道模式用于跟随基于SBAS（星基增强）的下滑道。当下滑道模式处于预位状态时，AFCS状态框中的“GP”以白色显示。

选择下滑道模式：

（1）确保将GPS进近加载到现行飞行计划中。激活航路点必须是飞行计划的一部分（不能是不在飞行计划中的直飞点）。

（2）确保GPS是选定的导航源（如有必要，使用CDI软键在导航源之间循环）。

（3）按下“APR”键。

到达下滑道后，飞行指引仪转换到下滑道模式，并开始截获和跟随下滑道。

一旦满足以下条件，就可以截获下滑道：

（1）将带垂直制导的GPS进近（LPV、LNAVNAV、LNAV+V）载入飞行计划。

（2）活动航路点位于最终进近定位点（FAF）处或之后。

（3）垂直偏差有效。

（4）CDI小于最大限制偏差。

（5）航路点的自动排序未暂停（HSI上无“SUSP”通知）。

（三）GS 下滑道模式（GS）

下滑道模式可用于 LOC/ILS 进近，以截获和跟随下滑道。当下滑道模式处于预位状态时（显示为白色的“GS”），LOC 进近模式也处于预位状态，作为横侧飞行指引模式。

选择下滑道模式：

（1）确保调谐了有效的导航台频率。

（2）确保 LOC 是选定的导航源（如有必要，使用“CDI”软键在导航源之间循环）。

（3）按下“APR”键。

或：

（1）确保 GPS 是选定的导航源（如有必要，使用“CDI”软键在导航源之间循环）。

（2）确保将 LOC/ILS 进近程序载入现行飞行计划。

（3）确保相应的 LOC 频率已调谐。

（4）按下“APR”键。

（四）进近模式（GPS，VAPP，LOC）

当按下“APR”键时，进近模式被激活。进近模式获取并跟随选定的导航源(GPS、VOR 或 LOC)。当 CDI 大于一个点时，按下“APR”键将预位所选的进近模式（在激活的横侧模式区域左侧以白色显示）。如果 CDI 小于 1 点，则按下“APR”键时会自动截获 LOC。

选择 VOR 进近模式：

（1）确保调谐了有效的 VOR 频率。

（2）确保 VOR 是选定的导航源（如有必要，使用 CDI 软键在导航源之间循环）。

（3）按下“APR”键。

选择 GPS 进近模式：

（1）确保将 GPS 进近加载到现行飞行计划中且必须激活航路点。

（2）确保 GPS 是选定的导航源（如有必要，使用“CDI”软键在导航源之间循环）。

（3）按下“APR”键。

选择 LOC 接近模式：

（1）确保调谐了有效的导航台频率。

（2）确保 LOC 是选定的导航源（如有必要，使用“CDI”软键在导航源之间循环）。

（3）按下“APR”键。

或：

（1）确保 GPS 是选定的导航源（如有必要，使用“CDI”软键在导航源之间循环）。

（2）确保将 LOC/ILS 进近程序载入现行飞行计划。

（3）确保相应的 LOC 频率已调谐。

（4）按下“APR”键。

（五）起飞/复飞模式（TO/GA）

复飞和起飞模式是耦合的俯仰和滚转模态，并且在激活时被显示为垂直和横向模式。在这些模式中，飞行指引仪控制恒定的俯仰姿态和保持机翼水平。“GO AROUND”

按钮用于选择两种模式。飞行指引输入的模式取决于飞机是否在地面。

起飞模式在连续和起飞期间提供姿态参考。此模式只能在地面上通过按下复飞按钮进行选择。飞行指引指令杆呈现机翼水平和上仰姿态。

在空中按下复飞按钮，激活机翼水平、上仰姿态的飞行指引。

第三节　AFCS 警报及故障处置

一、自动飞行控制系统警报

自动飞行控制系统的警报见表 11.6。

表 11.6　自动飞行控制系统的警报

报警条件	显示	描述
方向舵配平需向右调整	RUD→	（黄底黑字） 偏航伺服系统在指示系统上提供持续的力
方向舵配平需向左调整	←RUD	
副翼调整片需向右调整	AIL→	（黄底黑字） 横滚伺服系统在指示系统上提供持续的力
副翼调整片需向左调整	←AIL	
升降舵配平需向下调整	↓ELE	（黄底黑字） 俯仰伺服系统在指示系统上提供持续的力
升降舵配平需向上调整	↑ELE	
升降舵配平失效 （或配平开关卡阻）	PTRM	（红底白字） 如果自驾此时为接通状态，取得飞机控制并断开自驾； 如果自驾此时为断开状态，扳动配平开关使其脱离卡阻
偏航阻尼器故障	YAW	（红底白字）偏航阻尼器故障
横滚伺服系统故障	ROLL	（红底白字）横滚轴控制故障，AP 失效
俯仰伺服系统故障	PTCH	（红底白字）俯仰轴控制故障，AP 失效

续表

报警条件	显示	描述
自驾系统故障	AFCS	（红底白字）自动驾驶仪与电动配平失效，飞行指引可能仍可用
飞行前检测	PFT	（白底黑字）飞行前进行系统监测，完成后会有声音提醒。 注意：系统监测期间不要按动 AP 开关，这样会导致系统监测失败或无法启动。
	PFT	（红底白字）飞行前系统监测失败，并有声音警报

二、速度保护警报

俯仰保持、垂直速度、高度层变化、垂直航迹跟踪或高度截获模式处于激活状态时，空速由飞行指引监控，并提供空速保护以限制飞行指引仪的俯仰命令。当空速保护激活时（超出自驾使用范围 90～180 kt），空速参考出现在速度表上方的框中，闪烁黄色的“MINSPD”或“MAXSPD”指示，如图 11.10 所示。应调整发动机功率和/或调整俯仰姿态使飞机速度进入正常范围。

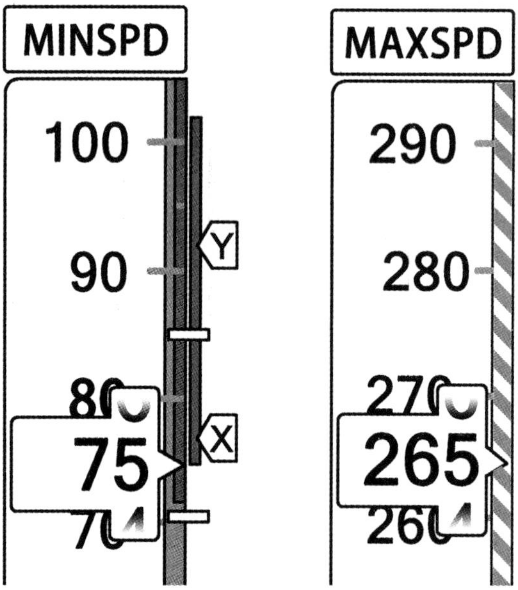

图 11.10　速度保护警报

三、故障处置

如果怀疑发生自动驾驶仪故障或配平故障，执行以下步骤：

（1）牢牢抓住驾驶盘。

（2）按住自驾断开按钮。自动驾驶仪将断开连接，配平电机断电，所有伺服电机和接合的电磁阀电源也被切断。

（3）根据需要重新调整飞机（可能需要进行大量的配平调整）。

（4）拔出自驾断路器，使伺服系统和电磁阀部件断电。

（5）松开自驾断开按钮。

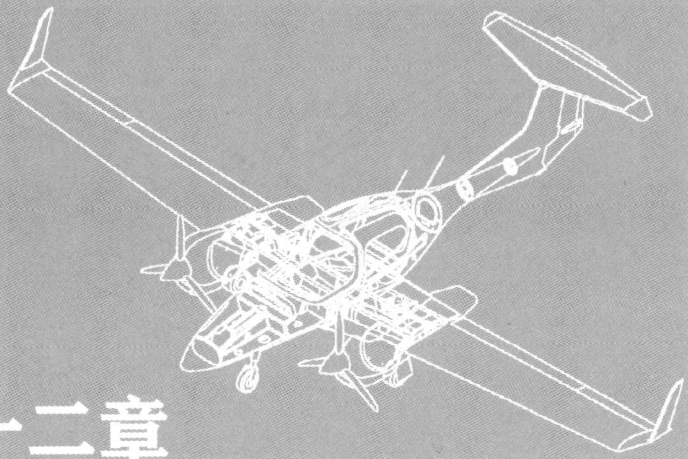

第十二章

灯光系统

飞机灯光系统是在夜间或复杂天气条件下，为机组和机外人员提供指引、照明。DA42NG 型飞机的灯光系统包括外部灯光以及座舱灯光，如图 12.1 所示。

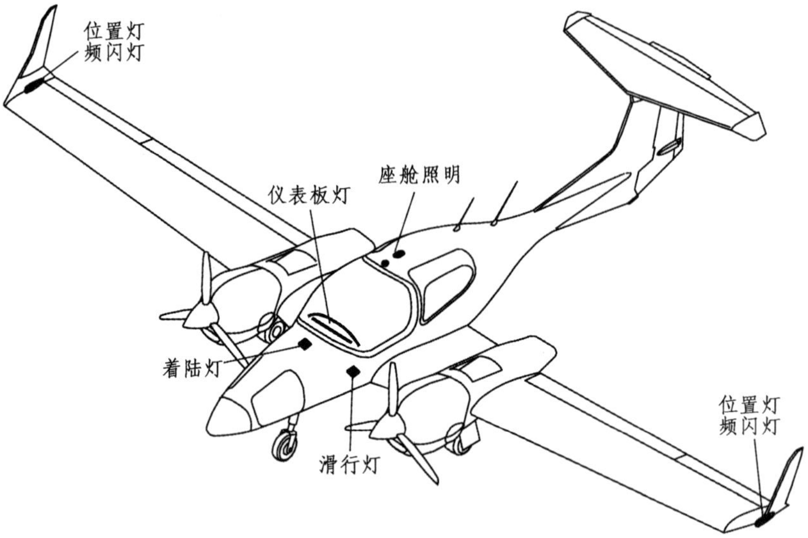

图 12.1　灯光系统

第一节　外部灯光

DA42NG 型飞机机外灯光有着陆灯、滑行灯以及一体式的 LED 位置灯、频闪灯。

一、位置灯/频闪灯

DA42NG 型飞机左右翼尖各有一套 LED 位置灯及频闪灯组件。位置灯与频闪灯安装在一个透明玻璃覆盖的基座上，如图 12.2 所示。LED 灯有不同颜色；前部位置灯为左红右绿 LED 灯珠，发出的灯光只能从前面和侧面看到。尾部位置灯为两个白色 LED 灯，发出的灯光只能从后面看到；白色 LED 位置灯替代了传统机尾处的白色航行灯。频闪灯有 24 颗灯珠，如果一颗灯珠故障，组件必须更换。位置灯和频闪灯分别由不同开关控制，且由不同断路器保护。

二、着陆灯/滑行灯

着陆灯和滑行灯位于机身下部凹槽内。灯内各有一个透明透镜和一个 35 W 氙气灯泡，如图 12.3 所示。它们的电子控制器位于中翼地板上，飞行员座位下。仪表板左上角的开关控制着陆灯和滑行灯，系统有断路器保护。

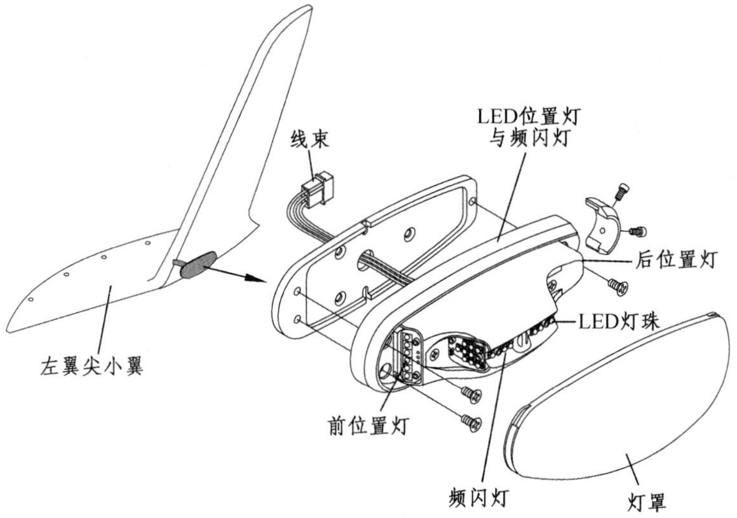

图 12.2　位置灯和频闪灯

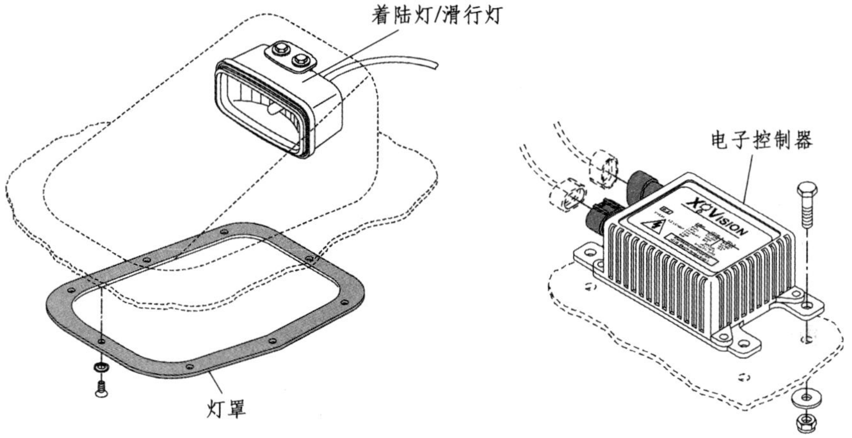

图 12.3　着陆灯/滑行灯

第二节　座舱灯光

一、地图/阅读灯

机舱内共有 2 个地图/阅读灯安装在驾驶舱顶部。前部 1 个灯为驾驶舱的 2 名飞行员座椅提供照明，照明角度可在一定范围内调整。后部灯为客舱的 2 名乘客座椅提供照明，照明角度可在一定范围内调整。每个灯组件有单独的开关，如图 12.4 所示。

前部的驾驶舱地图灯连接热汇流条，直接由飞机主蓄电池供电，可在任何时候打开。该系统是由仪表板右侧的断路器保护。

注意：长时间使用地图/阅读灯会使灯头发烫。

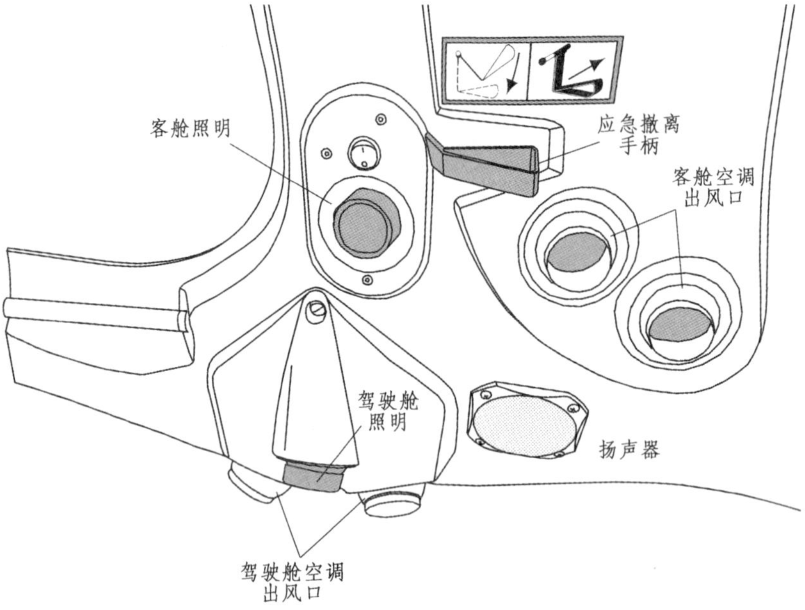

图 12.4　驾驶舱和客舱照明灯开关

二、仪表板泛光灯

仪表板泛光灯由 115 V 交流箔基型光片制成。面积较大的片发光片的光亮强度由仪表板左上角第二个开/关和调光器旋钮控制，如图 12.5 所示。逆时针旋转调光器开关到底可关闭泛光灯。顺时针旋转调光器开关可接通泛光灯并呈现最暗亮度，继续顺时针调节亮度增大。灯片是用双面压力压感光胶带固定在仪表板罩盖下。固态变流器提供 115 V 交流电流。系统是由仪表板右侧的断路器保护。

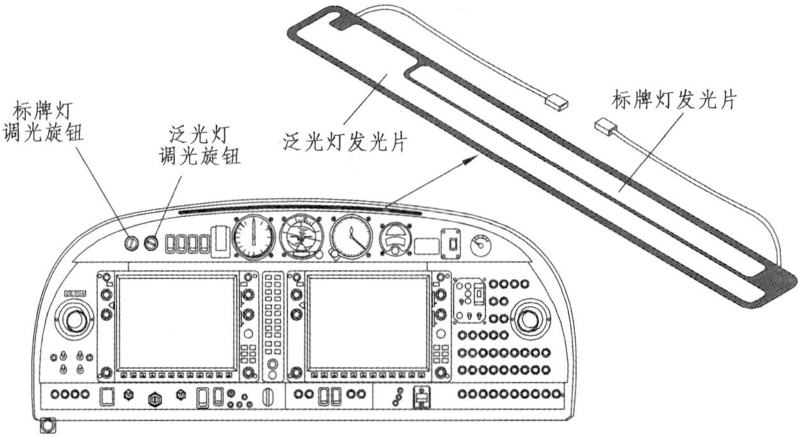

图 12.5　泛光灯及其调光旋钮

三、标牌灯

DA42NG 型飞机仪表板上的白色文字和标识均是刻蚀在面板上的标牌，这些标牌在夜间可以指示出开关名称、断路器分区、襟翼位置等。

仪表板有 8 个刻蚀标牌板，所有标牌面板用螺钉固定在仪表板上，可以单独更换。每个标牌板有一个专用光源。光源接通时，标牌照亮。光源强度由仪表板左上角第一个开/关调光器旋钮控制。反时针旋转调光器开关到底可关闭标牌灯。顺时针转动调光开关接通标牌灯并呈现最暗亮度，继续顺时针转动可增加亮度。该旋钮同时也控制起落架指示灯和襟翼指示灯的开关和亮度。

参考文献

[1] 张宇庆．AE300 EC-4 发动机系统原理和维护提示[J]．内燃机与配件，2020，12：164-167．

[2] 陈霄阳．AE300 发动机燃油系统分析[J]．新型工业化，2019，11：109-111．

[3] 徐刚，李梦，冉江．AE300 发动机典型系统工作特性分析及维护建议[J]．航空维修与工程，2019，5：96-99．

[4] 关世超．DA42NG 飞机螺旋桨变距工作原理介绍及故障分析[J]．科技资讯，2021，13：78-80．

[5] 张千．DA42NG 飞机空调系统组成及日常维护[J]．科技视界，2019，11：69-70．

[6] 刘正洁．基于 YICAT 平台的 DA42 NG AFM 翻译实践报告[D]．德阳：中国民航飞行学院，2022，11：1-81．